U0378879

中国视角，全球视野，趣解咖啡奥秘，
深入科普每一滴香醇之旅

你不是咖啡小白

猫叔带你探秘咖啡世界

猫叔毛作东　著
张宇玄　绘

机 械 工 业 出 版 社

图书在版编目（CIP）数据

你不是咖啡小白 / 猫叔毛作东著 ；张宇玄绘. 北京 ：机械工业出版社，2024. 5. -- ISBN 978-7-111-76091-7

Ⅰ. TS971.23

中国国家版本馆CIP数据核字第2024NL5515号

机械工业出版社（北京市百万庄大街22号　邮政编码100037）

策划编辑：仇俊霞　　　　责任编辑：仇俊霞

责任校对：肖　琳　王　延　　责任印制：张　博

北京华联印刷有限公司印刷

2024年11月第1版第1次印刷

145mm × 210mm · 6.5印张 · 1插页 · 101千字

标准书号：ISBN 978-7-111-76091-7

定价：59.80 元

电话服务

客服电话：010-88361066

010-88379833

010-68326294

网络服务

机　工　官　网：www.cmpbook.com

机　工　官　博：weibo.com/cmp1952

金　　书　　网：www.golden-book.com

机工教育服务网：www.cmpedu.com

Preface 序言

猫叔眼中的咖啡世界

猫叔跟“咖啡馆”这个词，大概“纠缠”了10年以上，最终发现，咖啡和咖啡馆不在一个“频道”，我们需要去重新认识咖啡和咖啡馆。

在你学会了制作咖啡后，就会特别想开一家咖啡馆吗？答案是：一定会的！

咖啡馆既可以是纯粹喝咖啡的地方，也可以是一家小酒馆，还可以是家具店、展览空间、设计师工作室……

一家咖啡馆，面积不需要那么大，够坐 3~5 个人，能喝一杯简单的咖啡就好，可以不设置其他餐食。

如今，市面上各种业态的咖啡馆都冒出来了，不光是你看不懂，猫叔也看不太懂。但是谁家咖啡馆服务好、产品棒、懂经营，就给他们点赞！

你以为顾客进店，会先问你每种咖啡的制作方法和特色，但是并没有，顾客会先问你："老板，有没有充电宝？""你家 Wi-Fi 密码是多少？""有吃的吗？"唯独不问你有哪些咖啡。这时候，你会怀疑顾客是不是来喝咖啡的。这是很常见的现象，顾客去咖啡馆不一定喝咖啡。临走的时候，顾客买了一袋咖啡豆，也不需要你帮他研磨。

3 年前，大多数人想要购买一杯咖啡，主要看的是以下几点：口感、服务、颜值、情怀，顺序是递进关系。现在，当他们选择一杯咖啡时，主要关注的是：颜值、口感、服务、便捷度、价格。

现在，如何定义“一杯好咖啡”？我觉得要满足三个要素：咖啡口感好，咖啡馆环境好，咖啡馆服务好。专业的人，始终还是要以咖啡本身的品质为切入口。

咖啡馆里的咖啡以美式和各类奶咖为主。便利店里卖的则是以速溶、挂耳、瓶装等形式的美式和拿铁为主。在猫叔的眼里，咖啡主要分为喜欢喝的和不喜欢喝的。建议你也干脆点。不好喝，就是不好喝。

有些时候，大家会问：咖啡馆到底该卖什么？许多的“大牌”正逐渐从卖品牌、卖产品，转变为卖生活方式。有人说，跨界是一门恃强凌弱的艺术，我并不赞同。

咖啡是一种新社交产物。近年来，咖啡与建筑、音乐、电影、戏剧、文学、互联网平台等不同领域的跨界合作，早已不足为奇。很多品牌，都不断地在跨界复合方面进行新的尝试。希望通过跨界，赢得更多新用户，同时活跃旧用户，将新的生活方式，通过吃穿住行方方面面进行引导。而那些踏踏实实经营实体店的咖啡品牌，依旧是在默默开店，从客户满足度出发，关注长远发展。

如果你进了便利店，大概会看到以下价格的咖啡：1~3 元的袋装咖啡，8 元的杯装冻干咖啡粉，6 元的瓶装咖啡，12.8 元的罐装咖啡，15.8 元的杯装咖啡，8~14 元的自助现磨咖啡。你会怎么选?

在国内，罐装咖啡一直属于小众消费，基本上一直依托于便利店体系和电商体系低调地发展。但一群关注精品咖啡的人群，关注品质的人群，正在尝试罐装化。相信未来随着咖啡受众人群越来越广，以及云南本地优质咖啡的快速发展，也会提升大众对罐装咖啡的接受度，使其迎来一轮新的发展。罐装咖啡，其实是更标准化、更接近用户的一种新咖啡体验。

纵观咖啡行业，上、中、下游市场都在发展，均已走到了自己的特色阶段。其中变化最大的一点是，以前是咖啡馆找人，现在是人找一杯好咖啡。

Contents 目 录

咖啡达人进阶课 87

咖啡发烧友私享课 139

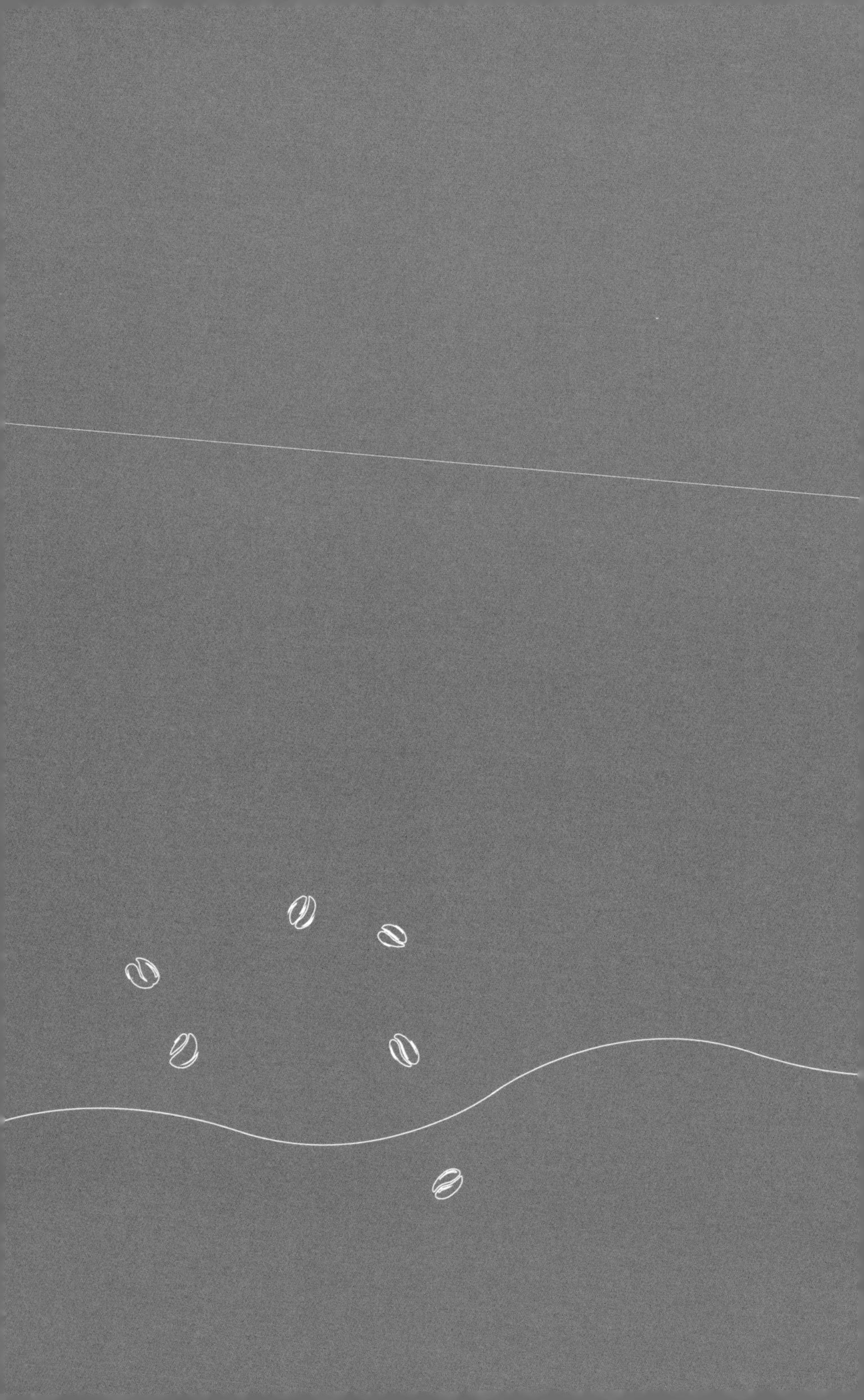

咖啡小白必修课

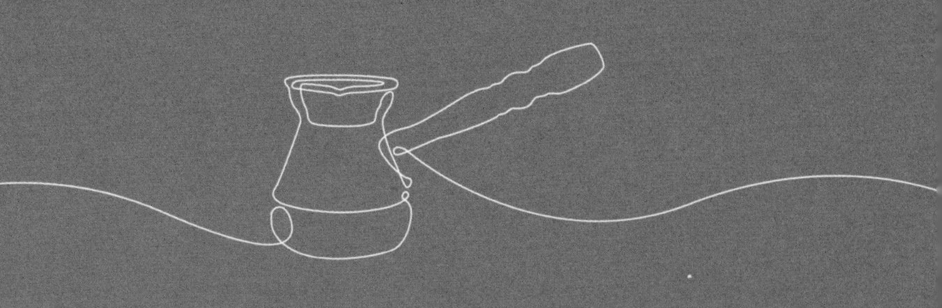

coffee

咖啡争议：

揭秘失眠与助眠的真相

2004 年，我出门找工作，经过面试之后等回信，我怕睡着，在路边喝了人生中第一杯咖啡，失眠一整晚，也没有等来工作。

当时太年轻，第二天顶着大太阳继续找工作，到了傍晚，明显感觉脑袋迷糊，于是回到前一天的地方，喝了人生中的第二杯咖啡，到家挨床就睡了。结果，因为当天面试的公司联系不上我，我错过了工作机会。

咖啡让我失眠过，也让我快速入睡过。再准确一点说，我当时喝的只是咖啡饮料，不是纯粹的咖啡。

咖啡是一种不错的植物饮料，本身含有咖啡因，跟茶饮一样。

当我们的身体出现轻度疲劳时，喝一杯咖啡，确实能够起到提神醒脑的效果；还有一种可能，大家都在说“喝咖啡可以提神醒脑”造成的从众心理，使得你的意识被自我强化了——喝咖啡等于提神醒脑。这两种可能性，造成了咖啡提神的效果。

我喝第一杯咖啡，也是因为听说喝咖啡可以提神醒脑，结果掺和了等工作回信的双重因素，导致我失眠了一整晚。

但当我们的身体达到一定的疲惫程度，意识无法自控时，再喝咖啡也达不到提神醒脑的作用，这说明喝咖啡也要选择恰当的时间。

如果你没有概念，我们拿“玩手机”这个日常行为来说一说：拥有第一部手机的时候，你是不是也跟我一样，整夜都在琢磨手机里的功能。然而当你熟悉了手机的使用方式，接了一天的电话之后，你再也不会说手机有多好玩了，甚至见到手机都有可能心烦。

还有一种比较科学的说法：

如果人体大脑中的腺苷与受体结合，人就会觉得疲惫。

咖啡因的分子结构与腺苷类似，可以与受体结合，阻断腺苷的作用，使人忘记疲惫。这就是咖啡提神的原理。

那么，当你感觉很累的时候，许多腺苷已经与受体结合了，此时再喝咖啡，提神醒脑的作用就弱了。

咖啡促进睡眠，还是会让你失眠？每个人都有自己的答案，就像有人喜欢喝咖啡，有人不喜欢喝咖啡，有人喜欢喝拿铁，有人喜欢吃咖啡果冻。每个人喜好不同，所反馈的答案也不太一样。但，终归在谈论咖啡。

凡是听说的，都不如自己体验过的。喝咖啡，会让你失眠，还是会让你好眠？你也试试看。

意式咖啡探秘：

不只是浓缩那么简单

咖啡文化源远流长，其中各种产品的名字大家一定经常能听到。

传统的意式咖啡，其实是指 Espresso（浓缩咖啡），它起源于意大利，大多是指用意式咖啡机萃取出的浓缩咖啡。

当你走进一家咖啡馆，看到专业的咖啡师站在一台设计感极强的咖啡机旁，那么它大概率就是意式咖啡机了。

意式浓缩咖啡是所有咖啡产品的基础，有了意式浓缩咖

意式浓缩咖啡是所有咖啡产品的基础。

啡，加入大量热水就是美式咖啡，加入适量奶沫就是玛奇朵，加入适量打发奶泡的牛奶就是拿铁咖啡，加入鲜奶油就是康宝蓝咖啡了……

在意式浓缩咖啡的基础上，还有各种各样的花式咖啡。花式咖啡的本名是 Variation Coffee。

采用意式咖啡机制作咖啡时，所需的水量比较少，煮法烦琐，咖啡味苦，但比较纯正、香醇。

美式咖啡在制作上则更加自由随性，咖啡粉不需要磨得太细，水想放多少就放多少，萃取时间也较长（大概四五分钟），这样的产品咖啡因含量较高。相对意式咖啡，美式咖啡口味更清爽，也更能还原咖啡豆本来的味道。若你遇上好脾气的猫叔在店里服务时，微笑一下，就可以得到免费续一杯的优待！

咖啡拉花是一种在咖啡杯口作图的方法，常用于卡布奇诺和拿铁，是难度很高的一项咖啡制作技术。如果你对咖啡拉花感兴趣，所需要做的就不只是讲究视觉效果，还需要不断提升将牛奶与咖啡融合的方式与技巧，进而使咖啡呈现出所谓的色、香、味俱全的效果。

这样照着做，你将迎来无数个意想不到的点赞。

品味好咖啡：
从香气到口感的艺术

我问过很多人，什么样的咖啡是不好的咖啡。他们当中有些人给出了一些关键词：苦咖啡、酸咖啡、闻着香但难以入口的、回味短的、太烫的、温的……

当所有这些关键词在不同人的反馈下生硬地凑在一起，这杯咖啡的存在也许就是一种错误吧。

影响一杯咖啡的因素有很多，除了咖啡豆的品种和产地之外，种植的方式以及生豆的采摘、处理、烘焙、研磨、萃取，都会影响一杯咖啡的口感差异。

一杯好咖啡的诞生，取决于设备、咖啡豆、水、水温——当我们刚开始接触咖啡的时候，总是会这样简单地总结。而现在，我会巧妙地加上“微笑”这个词。

咖啡的口感是变化的。如果把萃取一杯咖啡的过程分解一下，每5秒尝一口，你会感受到焦苦、醇香、浓郁、酸涩等不同的风味。

好咖啡的定义还有一个标准，那就是“喜欢的人，请你喝的咖啡”，你敢说不是吗？

但在专业咖啡爱好者看来，只有分数高的咖啡，才是真正的好咖啡。

瞧，衡量好咖啡的标准是不同的。

设计师楠贵人说：“好咖啡的标准越来越模糊，越来越变成了个人感觉！对于我来说，一杯好咖啡主要在于温度！”

一杯好咖啡的诞生，取决于设备、咖啡豆、水、水温。

速溶与现磨：

咖啡技术革命的对决

说起速溶咖啡，大部分国人脑海中第一个浮现出来的应该就是雀巢咖啡了。

这是源于 20 世纪 80 年代，雀巢以速溶咖啡产品的身份进入中国，让习惯喝茶的中国消费者第一次知道了咖啡为何物。大量电视广告中的那一句“味道好极了”的广告语，令雀巢咖啡家喻户晓。

雀巢咖啡和与其几乎同一时期进入中国的麦斯威尔咖啡

在国内刮起了一波“速溶风潮”，它们为咖啡文化、咖啡饮料在国内的普及发挥了极大的推动作用。

在这里稍微科普一下，就算截止到本书截稿日，在中国的咖啡市场里，速溶咖啡依旧占据着咖啡消费市场总额的一半以上，而现磨咖啡、即饮咖啡都在努力增长中。中国是速溶咖啡的消费大国，也是生产大国。

2011 年 5 月，由云南后谷咖啡打造的中国最大的咖啡速溶粉生产线在云南芒市风平镇帕底工业园区建成投产。之后，后谷咖啡还投资创立了新品牌卡尔蓝芝。

速溶黑咖啡是生产厂商通过热干法或者冻干法，提前将咖啡提取液进行加工处理得到的咖啡粉末，消费者可以直接用水冲泡溶化后饮用。

速溶咖啡解决了一个技术瓶颈问题，让每个人都成了咖啡师。简单来说，速溶咖啡只需要一杯热水，就可以在任何地方即刻冲泡出来一杯咖啡，步骤简单得不得了。

而现磨咖啡的制作却没有这么简单。

如果你想喝到一杯现磨咖啡，首先需要有咖啡豆（这里的咖啡豆是将咖啡果实进行处理后所得到的果实中的种子），经过烘焙，用磨豆机研磨成更加容易萃取的细粉，然后我们通过手冲工具、冰滴壶、意式咖啡机等不同制作工具的萃取才能获得一杯现磨咖啡，整个过程极具享受性与观赏性。

速溶咖啡的工艺决定了它的便携性，且大众对于其价格接受程度高。

现磨咖啡，因为需要用到专业的机器设备，且需要一定的冲煮技术，因此只能在相对小的范围内享受。

然而，希腊人表示不服了，只要给速溶咖啡时间与机会，它也绝对可以变得十分美味。传统的希腊 Frappe 咖啡就是用速溶咖啡、水和牛奶制成的，只要将它们加入雪克壶中一起摇匀，饮用时再加上冰块与糖即可，它可是清凉解暑最完美的答案了。

在吃喝这件事情上，我一直很佩服国人，既能独挡外界压力，也能将柴米油盐和美学、哲学一并下锅。

而现在，因为速溶咖啡，我也开始佩服希腊人的“较真儿”了。

我身边越来越多的人，从认识速溶咖啡开始，到喝现磨咖啡，做咖啡师，做咖啡店老板，越走越远，这是以速溶咖啡为起点的“从0到1、再到n”的发展过程。

精品咖啡
到底“精”在哪儿？

1974 年，“精品咖啡教母”娥娜·努森（Erna Knutsen）在给《咖啡与茶》杂志撰文时，首次提出了“精品咖啡”（Specialty Coffee）的概念，旨在倡导整个咖啡行业提高产品质量。

1978 年，娥娜·努森在法国蒙特勒伊举办的国际咖啡会议上，提出了“精品咖啡”这一行业术语。她指出：“将最高品质的咖啡生豆烘焙出他们最好的风味，让每一种由于产地的细微特殊气候所产生的独特风味得到最大程度的展现。”

我们可以理解为，娥娜·努森讲的其实是：在极为适合的地理环境下，挑选出优质的咖啡豆，制作出来一杯咖啡，并通过对咖啡的干湿香辨识、干净度、醇厚度、酸涩度、展现风味等指标一一进行客观评分的这个过程的熟练掌握，将咖啡的风味发挥到极致。

这就说明，精品咖啡中的“精”归根结底还是体现在“咖啡豆”身上。

正因为如此，要想制作出一杯精品咖啡，除了要有优质的咖啡豆，专业的咖啡师和专业的咖啡制作设备也至关重要。

一杯好喝的咖啡，一定是能够在味觉和嗅觉都能给人带来惊喜的。

当然，有些进步的积极分子，介于专业咖啡从业者与资深爱好者之间，他们认为，只有评分达到要求的咖啡才是真正的精品咖啡。这是相对的。喝咖啡的人，除了喝咖啡本身，还有包括当天心情以及咖啡馆环境在内的很多因素都会影响他对于一杯咖啡的评价。

中经历了许多变化，而这个过程如此迷人又充满乐趣。

从原产地，到吧台，再到你的手中，咖啡豆在这个过程中经历了许多变化，而这个过程如此迷人又充满乐趣。

星巴克魅力解码：为何你如此着迷？

1999 年 1 月，诞生于美国西雅图的咖啡公司星巴克，在北京中国国际贸易中心开设了他们在中国的第一家门店。那时候，我还不知道咖啡为何物。

星巴克在中国不走寻常路。开店之初，定位走高端路线，瞄准的主要受众是高端商场、写字楼里的商务人士、白领。

星巴克公司进入中国，就自带着危机感。星巴克创始人霍华德 · 舒尔茨（Howard Schultz）在自传中明确说道：他们面临的一个重大挑战就是：让这个以茶闻名的国度了解咖啡文化。于是，他们主动将产品本土化并落地，制造出了一系列包括星巴克月饼、星冰粽在内的重磅本土化单品。他们也积极拥抱本土，于2017年推出了第一款产自中国的单一产区的咖啡豆——星巴克云南咖啡豆。

星巴克关注人，在20世纪90年代率先将“第三空间”概念引入咖啡店中，为消费者提供空间体验服务，满足了当下人们对多功能灵活办公和商务社交空间的需求，从而占据顾客心智，也节省了大面积广告的花销。他们还把自己的员工称为“伙伴”，而不是“服务员”“店员”“吧员”。

星巴克贡献了包括“中杯 / 大杯 / 超大杯”在内的无数网络热梗，而他们标准化的出品，也被很多独立咖啡品牌吐槽“不是咖啡”。但星巴克依然保持特立独行。

现在，很多人一想起咖啡店，脱口而出的依然是：星巴克。

星巴克背后，其实是穷孩子霍华德·舒尔茨逆袭成功的故事。

咖啡名称辨析：

摩卡、拿铁、澳白……不再蒙圈

摩卡咖啡是世界上最“古老”的咖啡，这是欧洲人给它起的名字，可以追溯到17世纪初。彼时欧洲进口了第一批也门咖啡，咖啡需经由古老的小港口——摩卡港——出口到欧洲，因咖啡麻袋上印有MOCHA的标记，以证明是从摩卡港运输的，所以欧洲人就把摩卡港运来的美味咖啡称作“摩卡”，这也就是摩卡咖啡的由来。

现在，我们在咖啡馆里喝到的摩卡咖啡，基本上是浓缩咖啡加巧克力酱制作而成的花式咖啡。

相对于摩卡，拿铁、澳白这些咖啡名字，近两年被大家传播得更为广泛，而拿铁咖啡也是目前大众咖啡产品体系里销量最好的咖啡饮品。

现在，桌上摆了一杯拿铁和一杯澳白，如果光从表面上看，通过桃心拉花、咖啡油脂、留白等这些信息，只要你不是资深的咖啡迷，根本无法判断出来谁是拿铁，谁是澳白？没关系，往下看。

拿铁的做法其实非常简单，一份意式浓缩加上热牛奶，拉花。拿铁喝起来奶味更重，上面只有一层 1 厘米左右的薄奶沫。而拉花，只是为了吸引顾客或是起到锦上添花的作用。与其说喝拿铁的意大利人喜欢的是意大利浓缩咖啡，不如说他们喜欢的是牛奶，也只有 Espresso 才能给牛奶带来让人难以忘怀的味道，没有试过的人可以试试。

2015~2016 年之间，澳系咖啡品牌进入中国之后，给澳白咖啡增添了不小的市场知名度。如今，澳白也被很多精品咖啡馆列为经典咖啡产品，但叫法有些不一样，雕刻时光叫“小白”，星巴克叫“馥芮白”，瑞幸叫“澳瑞白”，还有的店叫“白咖啡”……澳白（Flat White）的奶泡厚度与拿铁相比要相对轻薄，可以形成相对平坦的表面，故称之为“flat”，而“white”则代指它所呈现出的牛奶的白色。

对于澳白与拿铁的区分，我们可以从咖啡师制作产品的技术层面拆解，提供两个相对简单的辨别方法：一是看拉花，澳白基本没有拉花，拿铁的拉花就丰富多样了；二是品口感，澳白使用的浓缩咖啡比拿铁更浓，采取同样粉量，但萃取时间更短，口口都是浓郁咖啡的味道，而拿铁咖啡的口感相对醇厚。

如果你只是咖啡爱好者，其实不必过分在意对于每一个咖啡名词的概念定义，因为专业之外还有更专业的诠释。我们只要保持对万事万物孜孜不倦的追问，对眼前这一杯咖啡、对眼前坐着的人说的话保持相对专注，就是最好的。

澳白与拿铁的区别，一看拉花，二品口感。

拼配豆之美：

咖啡豆的不同组合

拼配咖啡是将不同地区、不同品种的两种或两种以上的咖啡豆混合在一起，制成一种新的咖啡风味。大部分咖啡馆里售卖的单品咖啡或美式咖啡一般采用单一的咖啡豆制作，而浓缩咖啡、拿铁、卡布奇诺、摩卡等花式咖啡均是使用拼配的咖啡豆制作而成。

咖啡豆是农作物，在一定程度上属于“靠天吃饭”。它们生长在不同地区，享受不同气候，通过不同的方式采摘和处理，经历不同的烘焙程度和冲煮手法，会带来不同的味道。为了确保市场供需平衡，大小厂商邀请咖啡烘焙拼配艺术家们出场，将拼配豆的五味：酸、甜、苦、咸、鲜，调整到最适合的风味，也不乏独特个性的咖啡风味。

咖啡豆的拼配是一门综合性的学问，拼配咖啡绝不仅仅是将咖啡豆掺合在一起，而是需要对咖啡豆的产区、品种、处理方式、烘焙、制作以及品鉴都要有深入的了解，才能最大限度地拼配出自己喜欢的咖啡风味，而这也就是咖啡烘焙拼配艺术家们的独到之处。

拼配咖啡豆除了能平衡口感、稳定风味之外，还能协助企业降低成本，协助咖啡师展现出独特的创意，从而吸引更多的咖啡爱好者。

常见的拼配咖啡豆有：巴西咖啡（柔和咖啡的口感）、曼特宁咖啡（提升咖啡的苦味与醇厚感）、肯尼亚咖啡（提升咖啡的香气）、哥伦比亚咖啡（提升咖啡的甜度）。

拼配时间又分为烘焙前拼配和烘焙后拼配。烘焙前拼配是将不同产区的咖啡豆按照一定比例拼配后再烘焙，侧重于单一风味的表现；而烘焙后拼配，主要是将不同烘焙程度的咖啡豆拼配在一起，实现多重风味的展现。

拼配咖啡豆能平衡口感、稳定风味，协助咖啡师展现出独特的创意。

单品豆的执着：

敢于坚持单一独有风味的咖啡豆

随着国内咖啡门店的数量越来越多，我给你的建议是：多关注菜单，多听。

多关注菜单的意思是，请你走进咖啡店看菜单，只要你经常留意写着“单品咖啡”的一栏，那么你一定对这几个名字很熟悉：耶加雪菲、曼特宁、肯尼亚AA、云南铁皮卡……

探店除了要关注菜单之外，你还要多听听咖啡店里咖啡师的介绍，耶加雪菲的产地、曼特宁的口感、肯尼亚 AA 的水温、云南铁皮卡的处理方法……多听听几位咖啡师的讲解，你也就大差不差能略知一二了。

久而久之，你就能熟练地描述出你所需要的咖啡口感了！“带点微酸的，帮忙用 1∶18 的粉水比例冲煮。”这样一来，你也将成为咖啡师们特别关照的尊享顾客了。

如果你将单品咖啡视为自己专属的 VIP 级享受时，你就能感受到最热情、最优质的全程专人服务。

但你点的若只是普通的拿铁咖啡，可能就不会体验到这样的服务了。你可以试试看。

单品咖啡能给你带来最热情，最优质的全程专人服务。

世界咖啡大观：种类繁多的味觉盛宴

全球咖啡种类众多。阿拉比卡种、罗布斯塔种、利比里亚种，被称为“咖啡三大原生种”，它们经过了市场的验证，成了具有商品价值的咖啡豆。

目前，国内栽培的咖啡主要分为以下几种：

1. 小粒种，又名阿拉比卡咖啡、阿拉伯咖啡，原产于埃塞俄比亚或阿拉伯半岛，在中国的台湾、福建、广东、广西、云南、四川等地均有栽培。云南小粒咖啡，经过咖农

咖啡豆从形状来区分，可以分为圆豆和平豆两种。圆豆是公豆，平豆是母豆。

与广大新咖啡力量的力挺，慢慢在中国咖啡馆里有了一席之地。

2. 中粒种，又名卡尼弗拉咖啡，原产于非洲的札伊尔、刚果热带雨林，主要栽培于海南、广东，在云南西双版纳也曾有少量种植。

3. 大粒种，又称利比里亚咖啡，在广东、海南、云南均有栽培。

咖啡馆里售卖的咖啡品类，大致可以分为单品咖啡和意式咖啡两大品类。

单品咖啡，一般每家咖啡馆只会销售3款左右的单品咖啡，比较常见的品种是耶加雪菲。

意式咖啡，是以意式浓缩咖啡（Espresso）为精髓制作出如美式、拿铁等咖啡产品。起源于意大利。

以意式浓缩咖啡为基础的各种千变万化的咖啡产品，也经常被称为花式咖啡。就像以一种食材为基础，可以烹饪出无数种美味，被赋予无数个有趣的名字。

咖啡馆里常规售卖的咖啡，大致是以下8款：

意式浓缩（Espresso）：它是多种花式咖啡的基础。完美的意式浓缩咖啡的表面应该有一层厚厚的、棕色中泛金的细泡沫。意式浓缩的整个制作过程堪称一门艺术，也因此使咖啡这个行业中出现了很多神奇的“咖啡手艺人”。

美式咖啡：超淡的意式浓缩咖啡。一杯加冰的美式咖啡，可以像一杯冰可乐一样冰爽整个夏天。

拿铁：意式浓缩咖啡和牛奶的完美结合，目前市面上销量最好的一款产品。

卡布奇诺：1/3 的意式浓缩咖啡、1/3 的蒸汽牛奶和 1/3 的泡沫牛奶是卡布奇诺的传统配方，上面还会撒上小颗粒的肉桂粉末。

摩卡：世界上最古老的咖啡品种，一杯加入巧克力酱和奶油调味的摩卡，又香又甜，惹得人心潮澎湃！

土耳其咖啡：欧洲咖啡的始祖，喜欢喝“重口味”的朋友可以试一试。土耳其有句谚语说，“喝你一杯土耳其咖啡，记你友谊四十年。”由此看来，土耳其咖啡不仅是一款饮品，还是人们友情的信物。

欧蕾：法国人早餐的必备品，一种加入了大量牛奶的花式咖啡，带有浓浓的法式风情。

焦糖玛奇朵：在香浓的热牛奶或泡沫牛奶中加入浓缩咖啡、香草和焦糖，算是咖啡产品中最甜的一款。

然而，咖啡早已不仅仅只是咖啡馆的专利。

近年来，便利店里，快销品咖啡也开始如雨后春笋般涌现。罐装即饮咖啡、瓶装咖啡、杯装咖啡、袋装咖啡液，大多数都以美式、拿铁、含糖度低作为卖点。

咖啡起源：传奇与真相的交织

咖啡从一粒种子开始，漂洋过海，行游至此，这个过程充满了传奇色彩。咖啡的传奇起源过程，成了猫叔多次商业谈判桌上的一种谈资。

关于咖啡起源的故事，一直是口口相传。每当我们在咖啡馆内认识了新朋友，不知道如何打开话匣子时，眼前这杯咖啡的口感以及关于咖啡起源的牧羊人故事就是很好的一个切入口。

相传，15 世纪前半叶，咖啡已经以一种植物饮料的身份为人所知。在 1671 年的第一篇咖啡专论《健康的饮料》（De Saluberrima Potione）中，安东尼奥 · 福士托 · 奈罗尼（Antonio Fausto Naironi）修士讲述了衣索比亚牧羊人柯迪（Kaldi）的传说。某天晚上，柯迪的羊群没有从牧场回来，他便出门寻找。隔天，他发现它们蹦蹦跳跳的，正在一丛结满鲜红果实的嫩绿树丛旁大嚼豆子。柯迪被羊群奇特的行为勾起了好奇心，于是尝了这种野果，发现这种果实能够起到令人神经兴奋的作用。柯迪由此开启了漫长的旅程，前往位于阿拉伯半岛南端也门境内的 Chehodet 修道院，将他的发现告诉了修士。一名神职人员表示："这是恶魔在作怪！"便将这些红色果实扔进了火里，而这些果实经过烘烤立即散发出让人垂涎的特殊香气。他们随即将这些豆子收集起来，磨成粉倒入装满热水的容器里，世上第一杯咖啡就此问世。

男生普遍喜欢古老又带有历史性的传说故事，牧羊人柯迪的故事比较适合他们听。如果你对面坐着的是女生，那么我会建议你选用另一个带有一些浪漫色彩的咖啡故事。

在所有有关咖啡起源的故事中，尤以咖啡传入马丁尼克岛（Martinique）的经过最为浪漫：一切都始于 18 世纪初期，荷兰人将一株强健的咖啡树献给法国政府。1727年，圭亚那的法国殖民者与荷兰殖民者发生了纠纷，于是请来葡萄牙人法兰西斯科·狄·梅洛·巴耶达（Francisco de Melo Palheta）出面仲裁。巴耶达却想趁机偷一些当时十分抢手的咖啡豆，但最后他的诡计之所以能够得逞，还要归功于一位女性对他的爱慕之情。在他启程返家当天，他的情妇送给他了一大束鲜花，花束中夹杂了鲜艳的咖啡果实。巴耶达将这些果实栽种在巴西的帕拉，从此成为全球市场上第一个生产咖啡的人。

世界上第一个咖啡馆于15世纪在土耳其首都君士坦丁堡（现伊斯坦布尔）诞生，而且很快就演变成人们聚会、聊天的场所，这一传统保持至今。

1645年，欧洲的第一个咖啡馆在威尼斯出现。1650年，一名犹太商人在牛津大学开设了英国的第一家咖啡馆后，咖啡馆在英国就如雨后春笋般冒出来，并赢得“便士大学”的美称，因为当时只需支付1便士进入咖啡馆，就可以听到学者、诗人甚至是政治家的演讲和评论。咖啡馆成了交流思想的绝佳场所。

除了咖啡的起源故事，我们还会听到关于咖啡品种的故事：比如，蓝山咖啡是顶级咖啡的代表，它的产地是加勒比海的岛国牙买加的蓝山。蓝山位于牙买加东部，为加勒比海所环绕，每当天气晴朗，太阳直射在蔚蓝的海面上，山峰上就会反射出海水璀璨的蓝色光芒，故而得名。

以蓝色瓶子为标识，吸引着全球无数年轻人举杯拍照打卡的 Blue Bottle Coffee（蓝瓶咖啡）的创始故事，也非常具有传奇色彩!

相传在 17 世纪末，土耳其军队席卷了东欧和中欧的大部分地区，并于 1683 年占领了维也纳。维也纳人遭遇围困，绝望至极，他们急需一名使徒能越过土耳其线向附近的波兰军队求救，会讲土耳其语和阿拉伯语的弗朗茨 · 乔治 · 科尔希奇斯基（Franz George Kolshitsky）接受了这一危险任务。经过一系列冒险，科尔希奇斯基从波兰带来救兵，解救了这座几近绝望的城市，勇敢地完成了任务。在土耳其人被迫赶出城市后，人们在战利品中发现了很多被认为是骆驼饲料的奇怪袋子。科尔希奇斯基在阿拉伯国家居住了好几年，他知道袋子里装的是大量的咖啡，于是便利用维也纳市长奖励给他的钱买下了这些咖啡，然后在维也纳开了中欧的第一家咖啡馆——蓝瓶。

当我们在谈论咖啡品种、咖啡起源的时候，我们其实是在传播咖啡文化，让咖啡更有趣地传播下去。

300 多年后的 2002 年，在美国加利福尼亚州的奥克兰，有一个桀骜不驯的自由音乐人，他厌倦了市场上陈旧且过度烘焙的咖啡豆，决定自己开一家“只卖出炉不超过 48 小时的咖啡”的咖啡馆，原料用所能找到的最好的、最美味的咖啡豆，选择最好的咖啡种植来源。为的就是让他的客人可以享受到咖啡豆最美味、最巅峰的时刻。这个人就是詹姆斯·费里曼（James Freeman）。

为了纪念科尔希奇斯基的英雄事迹，费里曼用了他曾用过的“蓝瓶”命名了他的咖啡店，开启了咖啡史上的另一个篇章。

在学习制作咖啡的一开始，我们总是先从咖啡的起源开始了解，这会让学习制作咖啡这件事变得更加有趣。

咖啡比赛大观：技艺与激情的碰撞

在我还是孩子的时候，父母跟我进行“吃饭比赛”——谁最后一个放下碗筷，谁就负责洗碗。这个有趣的比赛，我一直记得。

从事咖啡这份工作的时候，我们为了达到一些既定目标，会举办一些比赛，比如测试味蕾、拉花形、拿铁的奶沫等，也有一些评选咖啡大师、手冲大师等的比赛。这些比赛仅仅是为了检验某个阶段的精进程度。

关于咖啡比赛，其实说得简单点，就像“吃饭比赛”一样。如果你本身并不认同这个游戏，那么你就没有办法参与到其中，享受其中的紧张氛围，并且获得成长。

大量实践经验证明，通过参加充满乐趣的咖啡比赛，可以收获到的经验是相当丰富的。毕竟，每个人都希望获得认可，也就一定会在参赛的过程中通过竞争磨砺自己。

千万不要忽略比赛的本质，比赛的主体是“人”，而不是产品本身。

那些获得了比赛名次的人，也不要沾沾自喜，比赛结束，意味着新的开始。

我的一个朋友，叫程胜，我们相识很多年，当年的他是咖啡馆里一次咖啡盲测比赛的冠军。每次，我们说起这件事的时候，他都会变得自信满满，然后又假模假样地谦虚起来。

咖啡比赛，有些时候也是一个团队配合的项目，除了咖啡豆本身，还涉及咖啡师、评委、顾客，缺一不可。

没有参加过咖啡比赛的咖啡师，就不是好的咖啡师傅吗？不一定。

咖啡社交学：
一杯咖啡，连接你我

20 世纪 80 年代，雀巢以速溶咖啡产品进入中国，让习惯喝茶的中国消费者认识了咖啡，依靠的是大量电视广告的推广，一句“味道好极了”的广告语让雀巢咖啡享誉大江南北。

20 世纪 90 年代，国内咖啡品牌“雕刻时光”围绕校园开店，主打文艺、图书、电影等主题元素，迅速圈粉无数学生，他们在咖啡店里看老电影，听讲座，谈恋爱……

1999 年，星巴克咖啡进入中国，瞄准高端白领、上班族市场，倡导上班族发现家和工作之外的空间——第三空间。

2017 年，瑞幸咖啡成立，短短几年时间内开遍国内一二三线城市，让咖啡从此走进大众的生活。

和咖啡有关的场所，成了很多人的生活地标。“我在某某咖啡馆等你”“我在你们公司楼下咖啡馆等你”“我们约在某某咖啡馆见面吧”“中午休息时，一起喝杯咖啡，聊一聊”……当然，很多人去咖啡馆不是冲着喝咖啡去的，他们是去拍照的。

遇到去咖啡馆不喝咖啡的人，我在微博上发过一个视频，引发了很多吐槽，评论区非常欢乐。当然，我在视频里的后话是，建议咖啡师要主动跟顾客交流。

浪漫的咖啡寻豆师们，以寻找咖啡为乐，他们与咖啡交友，带给咖啡市场优质的咖啡豆。普通的咖啡迷，聚集在咖啡庄园，探索咖啡种植文化。很多城市，专门打造“咖啡一条街”，用于给喜欢咖啡的人创造交流机会。

咖啡一条街，北京有，上海有，深圳有，广州有，苏州有，南京有，长沙有，云南有……并且类似街道的数量一直在增加，有越来越多的咖啡爱好者乐于前去扎堆儿打卡，交流，拍照。

在中国，咖啡发展到现在，已经不仅仅只是有专业的咖啡馆品牌入局，而是各行各业都开始关注和参与咖啡产业，试图形成跨界共赢。在北京，故宫博物院神武门外的故宫角楼咖啡，就不仅能让游客享用咖啡，还能感受故宫文化。

咖啡成了很多人生活的一部分，但它其实只是植物饮料中的一种，咖啡不会交际，是我们需要用咖啡来交际，我们才是实打实的“交际花”。

很多人去咖啡馆不是冲着喝咖啡去的，他们是去拍照的。

中国咖啡市场畅想：
现状与未来趋势

从20世纪80年代开始，咖啡饮料进入中国市场，随着电视广告的“魔性推广”，开始了颠覆性的发展，像潮水一般，从文化，到产业，到商品，席卷了大半个中国。

第一波咖啡风潮，以雀巢与麦斯威尔为代表。这个阶段主要以普及为主，普及咖啡饮料、速溶咖啡文化，面向的受众群体范围较大，但相对侧重快捷出行人群、送礼人群。此阶段的目的之一是要把非刚需消费人群培养为消费者。此阶段以商超、大卖场为主要咖啡销售场景。

第二波咖啡风潮，以星巴克、COSTA、太平洋、雕刻时光等为代表。以咖啡 + 餐食、文化、空间、标准化运营等为主要经营方向，租赁门面经营。针对的人群主要是学生和白领。这一阶段，各品牌专注于意式咖啡与美式咖啡的制作，也培养了大量的咖啡行业从业者，并形成了一定的跨界咖啡市场。此阶段的咖啡行业发展还是以线下为主，以线上为辅。

第三波咖啡风潮，是精品咖啡带动的，出现了一系列的大、中、小规模的连锁精品咖啡店，专注销售一杯咖啡、一份甜品、预包装食品，同时开设兴趣课，做延伸咖啡精品服务运营供应商。

在这个时期，自助咖啡机以销售咖啡和奶茶饮品为切入口，以抓取大数据为目的，快速投入了市场。商家们租赁高流量的空间，如楼宇、医院、学校，分散区域投放设备。此时的这类公司中，大部分的从业者都是互联网运营方面的专家，但他们往往并不注重线下运营、产品品质，以及对于咖啡文化的传播。很多品牌也因为缺乏对市场反馈的重视，从而面临“高调进入，悄无声息退市”的窘境。

便利店咖啡是在现有的便利店空间内，分担租金，综合用人的运营模式。但许多的便利店咖啡其实运营得既不专注，也不专业，少了人员关怀，仅仅是在原有的便利店空间内多了一个品类，他们应当探索更符合咖啡、顾客、店员三者之间的连接模式。其实如果经营得好，便利店咖啡是最有可能快速形成区域化品牌的商业形式。

第四波咖啡风潮，由连咖啡和瑞幸引领。此时交替出现的是互联网数字咖啡，它们大多采取线上与线下联合的形式快速布局。连咖啡以星巴克、COSTA 等品牌的咖啡外送服务起家，后发展自有品牌，进入实体门店 + 微信生态外卖模式；瑞幸则以租赁或门店合作，投入铺天盖地的广告，跨界转化为主要运营模式。这时，互联网电商品牌三顿半和永璞，也开启纯线上业务。线上咖啡，是以冷萃为概念的产品突围，目前有发展线下体验门店的苗头，但转战线下又是另一门经营。

茶饮市场如日中天，前后脚交汇进入咖啡市场试水，喜茶、哈根达斯以产品线补充进入，西式快餐则是借助渠道、门店的布局优势，新创了独立品牌 McCafé、K COFFEE。另外，蜜雪冰城品牌以不需要做价格决策的 6 元咖啡，在三四线城市开启了“幸运咖”的品牌布局。

然而随着疫情对全球范围的影响，上、中、下游咖啡市场在国内又出现了新的变局。

作为我国咖啡生产大省的云南，在这次疫情期间，迎来了销售渠道与品质的双重收获。外围咖啡豆进口受限，云南咖啡借助政府助力、电商铺路与社会力量，鼓励咖农优化品质源头，以迎来更大的经济内循环消费。在各方的共同努力下，如今云南豆已经成为国内咖啡馆的标配。

线上咖啡的推广成本巨大，不同品类的市场占有率一旦出现挑战，将迎来一波洗牌，但还是很难出现巨头式的品牌，属于发展中的小市场。

线下咖啡馆租金高，小面积咖啡馆和店中店咖啡吧，将是消费者最喜欢、情怀投资者投资最集中的商业类型。

自助咖啡的消费场景丰富，主要借助自助咖啡设备实现销售。若是以线下等待消费者的方式运营，容易缺乏连接点，导致消费过于低频，浪费投入；若是以线上拉新的方式运营，则容易忽略成本，颠覆咖啡的本质。

建议要回归咖啡文化本身，借助自身优势，如书店、便利店、酒店、快销品店等有多年粉丝积累的店铺，以会员制吸引粉丝，激活粉丝，从而精准找到用户，拓宽销售渠道，找到自己新的增长点。

线上与线下结合的咖啡馆，是未来的一种新趋势，租金投入不太高，回本容易，复制快，能跟顾客有不同程度的交流，让顾客愿意走进去，也能实现咖啡的便捷送达，这才是一家咖啡馆的最佳状态。

还有一群跟你一样有咖啡梦想的人，正在开咖啡馆的路上。

咖啡要想在中国市场取得良好的发展，更多时候需要解决的是同一个问题：如何能够随时、随地喝到一杯好咖啡？

你们最爱的拿铁

到底有多少种?

拿铁咖啡是意式浓缩与牛奶的完美结合，深得咖啡迷们的喜爱。

不过，有很多喜欢喝咖啡的人，依旧分不清拿铁和卡布奇诺的区别，他们仅仅是走进一家咖啡馆，点单的时候，不知道点什么，于是点了菜单排列最靠前的拿铁咖啡。

在这里，我们需要先认识一下什么是经典的拿铁。

一杯经典的拿铁，有着严格的黄金比例：70%的牛奶 +

20% 的奶沫 +10% 的意式浓缩，咖啡师会在奶沫上拉出各种各样的图案，让人看起来就想拍照，留住此时此刻。

拿铁咖啡，适合添加不同的果糖，搅拌之后会有不同的味道，其中尤以榛果、香草、焦糖较为常见。但我个人比较喜欢不加糖的拿铁。

拿铁咖啡，分为美式拿铁、意式拿铁和欧式拿铁。

美式拿铁，从做法上比较容易操作，那就是不需要拉花，比如你购买了一杯星巴克咖啡，打开盖子，你会发现没有拉花，最上面的奶沫也比较粗糙，这是很正常的美式拿铁做法。

意式拿铁是目前最受欢迎的，有时被大家称为花式拿铁，有些视频也以花式拿铁拉花秀吸引观众眼球。在刚刚做好的意大利浓缩咖啡中，倒入接近沸腾的牛奶，就是一杯意式拿铁。我喜欢牛奶多一点，你也可以根据自己的喜好，提前告诉咖啡师。

欧蕾咖啡被看成是欧式拿铁中最具代表性的一款，光从名字来看，就已经溢满了浪漫之情，最初在法国人的早餐桌上十分常见，是一款非常传统的、口感顺滑的牛奶咖啡。

喝拿铁咖啡的时候，建议你用咖啡瓷杯，坐在阳光下，享受四分之一下午的时光。这样的日子，就算一个人，也非常难得。

拿铁，不仅仅是拿铁咖啡。

如果你喝过红茶拿铁、抹茶拿铁、红丝绒拿铁、五谷拿铁等，你会发现虽然它们之中没有咖啡的存在，但却像奶茶一般，被很多人所接受与推荐。

我曾经听一位资深环球旅行家说过，拿铁在全世界范围内有 26 种。如果你不信，可以去深深挖掘一下。建议你一一尝试，就当作一场旅行，一场拿铁之旅。

在城市的健身房里，也有一款“拿铁”——“拿铁女孩”，她们既热爱拿铁咖啡，又热衷撸铁健身。这样的生活方式广受女生追捧。

猫屎咖啡的真相：名声与口感背后的故事

凡事物以稀奇为贵。比如，原产于印度尼西亚的猫屎咖啡，也曾是世界上最贵的咖啡之一。

咖啡从开花到咖啡果成熟，一般需要8~9个月（32~36周）左右的时间。待浆果成熟，采摘之后，一般是采取水洗、日晒、蜜处理这三种处理方法。

水洗咖啡豆，就是在水的浸泡下发酵，整体外观统一，颜值高，酸度高；日晒咖啡豆，就是通过日晒发酵，豆子外表偏黄，有水果味，酸度较弱；蜜处理是一种介于水洗和日晒之间的加工方法，干燥过程中保留咖啡果实中的部分果胶，豆子层次更复杂、更浓郁，保留了咖啡果实的甜美风味。

动物界的美食家麝香猫，在吃了咖农的咖啡浆果后，使其在肠道里消化，是一种纯天然的发酵处理法。经过麝香猫消化后排泄出来的生豆，再进行烘焙，味道会带有一种独特的风味，虽然产量不高，但不禁会让人好奇，怎么会有如此味道的咖啡豆。

还有一种说法是，由于麝香猫的消化系统破坏了咖啡豆中的蛋白质，产生了短肽和自由氨基酸，从而降低了咖啡本身的苦涩味，增加了咖啡豆的圆润口感。

猫屎咖啡的闻名，主要是以咖啡豆本身为卖点，以一种稀奇的故事角度，吸引我们去了解它，更吸引一部分人为它买了单。

17 世纪，荷兰殖民者第一次把咖啡树苗引入印度尼西亚。当地农户喝不上园里的咖啡，看到地上有很多被麝香猫吃掉后但消化不了的咖啡豆，觉得可惜，就收集起来处理干净后自己享用，并称其为“猫屎咖啡”。此事被执勤的威廉森（Willemsen）撞见，他被眼前的黑咖啡迷住了，当他知道，自己喝的是一杯被麝香猫排出体外的咖啡豆制作的咖啡时，更是目瞪口呆！威廉森回国时，把这些特殊的咖啡豆也带回了荷兰，将其进贡给贵族上司，结果这些咖啡豆受到青睐，之后成为只可供皇室贵族们享用的贡品。1896 年，“猫屎咖啡”得以传世，当地的麝香猫也得到了有效的保护。

由于大多数人依旧停留在把咖啡当饮料喝的阶段，所以就算有一杯猫屎咖啡摆在你的面前，你也不一定能够适应这种特殊风味的咖啡。

我们经常尝试不同品种的咖啡，并采取不同的处理方法、不同的制作工艺以及不同的添加物进行制作，费尽周章才能找到自己最喜欢的口感。但很有可能它并不一定是大众眼中的“最佳”，这一点上，我们应该都深有同感了，举手承认吧。

关于猫屎咖啡好喝不好喝，其实从个人的口感上很难评测，但它肯定跟普通的水洗、日晒和蜜处理的咖啡豆口味不一样。

当你真正进入咖啡的世界后，没有什么好喝与不好喝，只有最适合自己的味道。

我们经常尝试在咖啡豆的选择、处理方法、制作工艺以及添加物等各个环节，费尽周章地寻找自己最喜欢的口感。

水的魔力：
咖啡中的98%奥秘

咖啡是一种植物饮料，无论是滤泡式咖啡、闪萃式咖啡，还是意式咖啡，其中98%的成分都是水，只有2%是咖啡。这2%的咖啡萃取物是由水溶性物质与挥发性物质组成，它们共同构成了香气、味道、体脂感等感官体验，也就是所说的咖啡风味。

以前，大家刚开始做咖啡的时候，普遍会把注意力放在咖啡设备上，总是声称想做出好咖啡必须要有一台顶级的咖啡机。再配上顶级磨豆机。就连探店也是先往吧台凑，看看店家使用的是哪款设备。又过了好一阵子，大家开始关注咖啡豆本身，关注咖啡豆烘焙。

现在，大家更关注的是用什么水萃取这杯咖啡，硬水、软水、酸性水、碱性水煮出来的风味不尽相同。这些专业的名词，从各品牌的瓶装水标签上，可以轻松分辨出来。

2012 年，来自澳大利亚的咖啡大师马特 · 佩格（Matt Perger）在获得了世界咖啡冲煮大赛冠军之后，公布了他的冲煮方案，他认为，他的成功在很大程度上要归功于配水方案。

2016 年的世界咖啡冲煮大赛冠军，来自日本的粕谷哲，因“四六冲煮法”闻名全球，他认为配水方案足以影响比赛结果。

来自美国的化学博士克里斯托弗 · H · 亨顿（Christopher H. Hendon）在社交网络上被称为“咖啡博士”，他同另一位咖啡研究者共同发表了“Water For Coffee”一文，从水的化学结构和特性入手，诠释了水的品质对于咖啡冲泡的重要性。最终的结论是：纯净水不适合冲泡咖啡。

美国精品咖啡协会（SCAA）认为，水的 TDS 值（即总溶解性固体的浓度）在 125~175ppm 之间、pH 值（即酸碱度）在 6~8 之间，最适宜冲煮咖啡。咱们生活中比较常见的几款饮用水（农夫山泉、恒大冰泉、统一爱夸和康师傅涵养泉等）都符合上述标准。中国的咖啡师们占尽了地利，很容易就能找到适合制作咖啡的矿泉水。这从近几年获得冠军的咖啡师名单中就能发现了。

咖啡豆很重要，水很重要，更重要的是要有懂得欣赏的人。请相信我，只要你在做咖啡的路上足够专注，就一定会有人欣赏。

咖啡仪式感：

品味咖啡的每一个瞬间

如果你在咖啡馆的门口看到一句话：“请不要叫我们服务员，我们都是咖啡师。”你会发现，这里没有“服务员”，进门的顾客都会习惯性地叫他们“咖啡师”。请不要觉得奇怪，这是咖啡师们对自己职业的一种充满仪式感的宣言。

而对于爱好喝咖啡的人来说，近年来也流传着这样一句话：“我不在家，就在咖啡馆，我不在咖啡馆，就在前往咖啡馆的路上。”

请不要叫我们服务员，我们都是咖啡师。

日本电影《宁静咖啡馆之歌》，里面有这么一句经典台词，令人印象深刻："能喝到有人为你冲煮的咖啡，是一件多么幸福的事。"

当咖啡成了都市生活的一部分，下决心学会冲煮咖啡的人越来越多，给自己亲手制作咖啡，便成了生活仪式感中一种不可或缺的本领。从在咖啡馆里选咖啡豆，到去咖啡农场旅行，买生咖啡豆学着烘焙，磨咖啡粉，关注水温、冲煮过程、温杯过程……每一个环节的努力都决定着这杯咖啡所呈现的风味和温度。学会亲手制作咖啡，能让你享受到咖啡馆之外的特别感受。

一千个人眼中有一千种咖啡的喝法，很长时间里，喝咖啡都是"精致生活"的象征，吸引了很多对生活的仪式感有追求的人。

意大利是咖啡的发源地，咖啡是意大利人生活中很重要的一部分，它可以更好地解决困倦，喝咖啡的时候也是分享故事的重要时刻，可以增进与家人和朋友间的关系。如今，一部分中国人也逐渐习惯了拥有仪式感的西式咖啡生活。

想起之前我曾询问雕刻时光的创始人庄崧冽，"每天清晨你会做什么？"他说，"无论多忙，我都会习惯性地喝杯咖啡才出门。喝咖啡，早已不再是为了消困解乏，这么多年下来，喝咖啡这件事情已成为清晨的某种仪式，看着细嘴壶的水流缓慢而优美地流出，看着窗外充满活力的人们，感受新一天的开始。”

只要有时间，我也经常会去咖啡馆探店，点一杯浓缩、一杯拿铁，再要一杯白开水，也算是一种仪式了吧？

你通常在喝咖啡时会营造出怎样的一种仪式感呢？

蓝山咖啡揭秘：

它真的是最高级的吗？

这是很多人经常问的问题，也是很多咖啡师被人问到最多的问题，不过，这是一个好问题。

蓝山咖啡产自牙买加东部，加勒比海环绕下的高山。因晴天阳光照射海面，折射到山上，形成了“海天蓝”，因此而得名。

蓝山拥有肥沃的火山土壤，空气清新，气候湿润，终年多雾多雨，这样的气候造就了享誉世界同时也曾经是世界上价格最高的咖啡——牙买加蓝山咖啡。

市面上的蓝山咖啡，根据种植海拔，可分为三种等级：牙买加蓝山咖啡、牙买加高山咖啡、牙买加咖啡。真正的牙买加蓝山咖啡都有相应的认证证书。

种植在牙买加蓝山地区，海拔1000~1700米的咖啡才被称为牙买加蓝山咖啡。

种植在牙买加蓝山地区，海拔500~1000米的咖啡称为高山咖啡。

种植在蓝山山脉以外地区，种植海拔低于500米的咖啡称为牙买加咖啡。

当你喝到蓝山咖啡的时候，或许你喝到的是蓝山牌咖啡或蓝山风味的咖啡，不用为此困惑，倒不如细品一下杯中咖啡的口味。咖啡的口味主要有四种：中性、甘、酸、苦。如果都能品尝出来，你也是专业选手了。

对很多人来说，喝咖啡是一种乐趣，他们抱有好奇心，想多了解一些咖啡相关的知识。咖啡师们作为咖啡从业者，应该正确引导大家，选择最适合自己口感的咖啡，这才是每个人心中的“蓝山”风味咖啡。

你心中的“蓝山”风味咖啡什么味儿？

咖啡品饮指南：

如何喝出最佳风味？

- 千万不要空腹喝咖啡，因为咖啡会刺激胃酸分泌，会让你的胃像空腹吃了一片柠檬一样很难受，甚至有可能会感觉到胸闷。

- 每天喝咖啡，早上一杯，下午一杯，是很多人的标配。但要切记，每天不要喝超过 3 杯。

- 意式浓缩咖啡制作完成后的 15 秒内是最佳饮用时间。

- 不添加牛奶的咖啡是最纯正的咖啡，如果你喝不了纯咖啡，建议你也要先品尝一口，再添加少量的牛奶和糖。

● 咖啡勺适用于搅拌咖啡与糖、咖啡与牛奶的融合，并不是用来喝咖啡的。

● 你喝了一口咖啡之后，不论是什么感觉，最好都和咖啡师交流一下，第一时间把你的感受说出来，这样有可能会对制作这杯咖啡的咖啡师有所帮助。说不定他还会再送你一杯咖啡。

● 品尝咖啡的顺序，先喝一口纯咖啡，如果你觉得需要添加牛奶，根据个人口感你再添加 15~30 毫升的牛奶，用咖啡勺轻轻地搅拌，然后再品尝一下。如果你还觉得需要添加糖，可以酌情添加少量的糖。

● 如果碰到咖啡馆的咖啡师向你推荐添加鲜奶（保质期只有 8 至 14 天）制作的咖啡。我建议你点一杯，毫不犹豫地，因为那口感的确是太好了，对于这样专业的建议，你一定要采纳。

● 如果你在用药期间，就不要挑战咖啡了。放过咖啡吧，不然医生会说，他的药效都被咖啡影响了，还会给你再次添加药物。这个锅，咖啡不背！

咖啡最好趁热喝，无论是夏天还是冬天。就像喝热水，无论什么时候都会为我们的身体带来暖暖的感觉。

拉花与抖字：

花式咖啡艺术的魅力

一杯没有拉花的咖啡不是好咖啡，很多喝咖啡的人都这么认为。

咖啡师们却不这么认为，但实际出品时还是会拉一个“爱心”“树叶”或“天鹅”，以惊艳顾客。

初学制作咖啡的人，都是从洗杯子开始，清洁咖啡吧台，学习调试磨豆机，制作第一杯浓缩咖啡，扭开蒸汽棒打奶沫，完成第一杯拉花，然后自己欣赏半天，最后满足地喝下。

通常来说，咖啡师完成的第一杯咖啡拉花，不是一颗心，就是一片叶子。

将牛奶注入浓缩咖啡，使之形成某种图案的手法，我们称之为咖啡拉花。Latte Art（拿铁拉花艺术）的起源，已经无从考证。但一定是在使用意式咖啡机制作卡布奇诺和拿铁咖啡的过程中发明的，那么它的诞生地更可能是在意大利。但是在历史上留下名字的，却是一位名为大卫·休谟（David Schomer）的美国咖啡师。

大卫·休谟在西雅图给顾客制作早餐拿铁咖啡时，无意间把白色奶沫在咖啡液表面倒出了一个接近心形的图案——这也就是咖啡拉花“爱心”诞生的故事。

如今，世界咖啡拉花大赛的火热举办吸引了越来越多的咖啡爱好者入局。在推动咖啡文化快速发展、提升咖啡行业影响力这件事情上，拉花艺术可谓是功不可没。

2004年，获得中国台湾咖啡大师比赛冠军的林东源，在咖啡拉花中创作了“天鹅”图案，打破了按固定图案制作咖啡拉花的创作局限。

2008年，在美国西雅图获得世界咖啡拉花大赛冠军的泽田洋史，将三片叶子组合在一起的拉花设计，影响了一代咖啡师。

2017年，泰国选手Arnon Thitiprasert在世界咖啡拉花大赛上，再次革新了拉花艺术，他利用拉花缸末端的牛奶，完成了动物画像（兔子的身体、头、耳朵和眼睛），惊艳的一幕就此在业内疯狂传播，用“末端奶泡”作画也影响了更多的咖啡师。

咖啡拉花从“爱心”开始，到“树叶”，再到组合压纹，创意不断。这种创意，除了来自咖啡师的自我要求之外，顾客们提出的需求也是推动创意发展的重要因素。

1998年，雕刻时光作为当时为数不多的咖啡馆品牌，在北京承接客户宴会，客户提出需要在咖啡上做一些特殊定制，咖啡师们想到了“抖字”，出品前，用可可粉在固定的字形筛网上均匀洒下，形成了一个一个特殊的字，博得了大量客户的认可。随着咖啡馆慢慢在中国盛行，雕刻时光因培养了很多咖啡领域的从业者，被不少咖啡同行称为咖啡界的“黄埔军校”，“抖字”也随之流行开来。

2018年，在苏州，猫叔邀请格米莱杯咖啡拉花大赛全国总冠军徐通为当天生日的顾客现场即兴拉花：他将顾客名字中的“红”字，用打发的奶沫一气呵成。这也刷新了猫叔对拉花的理解。

咖啡拉花从“爱心”开始，到“树叶”，再到组合压纹，创意不断。你喜欢什么样的拉花？

严格意义上，咖啡拉花在拿铁上操作没问题，但在卡布奇诺上操作有点难。因为拉花更多是借助钩花针完成的，拿铁咖啡奶沫厚，相对易操作，而卡布奇诺奶沫薄，就有些操作难度了。

优秀的咖啡师所设计的咖啡拉花，不只在视觉上讲究，在牛奶的绵密口感以及融合的方式和技巧上也一直在不断地改进，进而以期在整体的呈现上，达到所谓的色、香、味俱全的境界。

瑰夏传奇:

探寻最棒咖啡的奥秘

古人云:“千里马常有,伯乐不常有。”咖啡树,瑰夏种,就是这样一种植物。

瑰夏种第一次被发现,是在戈里瑰夏(Gori Gesha)森林,但彼时瑰夏种并没有立马获得高光关注。而后,由肯尼亚的咖啡研究所辗转到了乌干达、坦桑尼亚等许多非洲国家,也只是拿来作为研究。

再后来,有人将瑰夏种引进哥斯达黎加,而后经由 Don

Pachi 庄园的牵线，将瑰夏咖啡带入了巴拿马，被当作咖啡树的防风林，没错！瑰夏种就是一直在经历着这样的高起低落。

直到 2004 年，巴拿马翡翠庄园在杯测咖啡时发现了瑰夏种的独特，将其从其他品种中分离了出来。再后来，瑰夏获得巴拿马最佳咖啡豆大赛（BOP）的第一名，名声不胫而走。

瑰夏一战成名，开始在各大杯测、咖啡比赛中被评为首选，一度超越蓝山、可娜，本来不起眼的防风树瞬间变身为明星咖啡树。伯乐翡翠庄园不仅是瑰夏风味的发现者，还是瑰夏咖啡豆品种的推广者。瑰夏咖啡的成名，也同步推动了巴拿马精品咖啡事业的发展，似乎起到了一种以一己之力推动行业发展的作用。

猫叔身边喜欢咖啡的朋友说，瑰夏无疑是实至名归的"女神"，多少人迷恋她明亮复杂的花果香、多层次高甜度的水果调性和细腻的柔酸。现在市面上，想喝到获得 90 分以上的瑰夏咖啡，可不是一件简单的事。

当我们知道了瑰夏咖啡豆的历史后，即使它价格昂贵，但也值得尝试，不是吗？我们经常为一些跟咖啡有关的附加值买单，比如服务、咖啡历史以及咖啡馆的环境等。

快来跟我说一遍，当然值得尝试！

对于咖啡“女神”瑰夏，多少人迷恋她明亮的花果香、多层次高甜度的水果调性和细腻的柔酸。

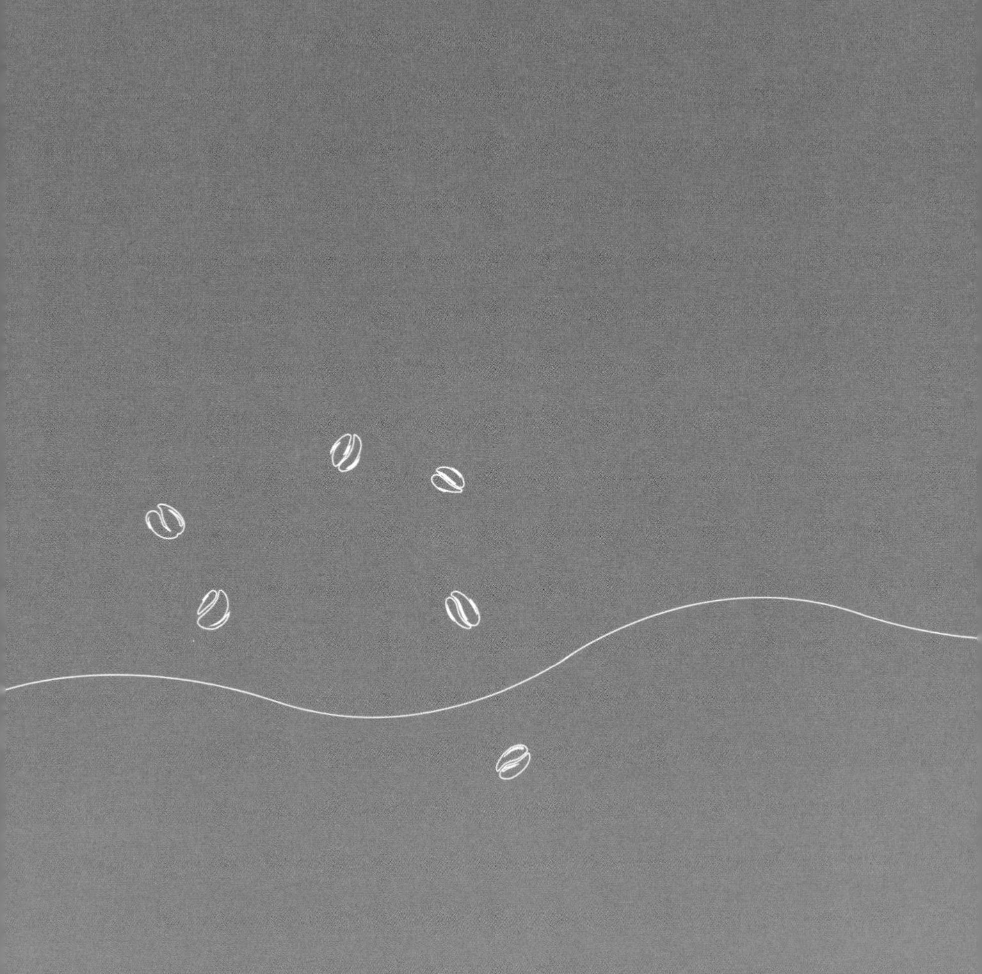

咖啡达人进阶课

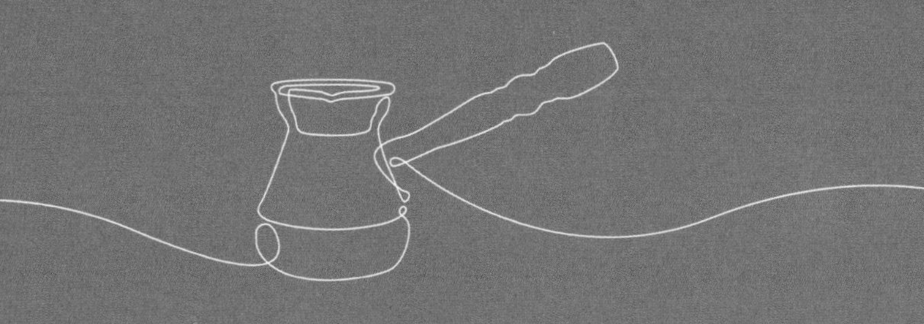

coffee

咖啡鄙视链解码：
从雀巢到星巴克的转变

从“喜欢雀巢”到“喜欢星巴克”，可以看出中国人对咖啡文化的理解与接受程度在不断更迭。

雀巢是20世纪80年代被引入中国的，彼时推出的加入奶精伴侣的速溶咖啡，使得苦咖啡变得香甜可口，家喻户晓，在中国大获成功。

而星巴克的出现不仅仅提供了咖啡及咖啡饮品，还带来了“第三空间”，为更多的上班族白领提供了社交和洽谈生意的场所。

从“雀巢”的速溶咖啡，到“星巴克”的花式咖啡，这些主角们会随着时代的更替而变化，但咖啡这一主题却未曾改变。雀巢引领了国内的第一次咖啡浪潮，星巴克引领了国内的第二次咖啡浪潮，从本质上是从“咖啡”变成了“咖啡 +”。

咖啡文化在中国的兴起，少不了速溶咖啡的功劳，当时雀巢瞄准国人送礼的高端市场，适时推出了“黑瓶盖咖啡加白瓶盖伴侣”的商品形式。

然而论及咖啡文化在中国真正的发光发热，其实还是星巴克这样的时尚咖啡空间所引领起来的。他们推出了花式咖啡，吸引无数年轻人来工作、恋爱、消遣，引领了一种新的生活方式。

深究咖啡品质的话，雀巢速溶咖啡用的是“罗布斯塔”咖啡豆，星巴克用的是“阿拉比卡”咖啡豆。罗布斯塔咖啡豆通常风味较为呆板、刺鼻，而阿拉比卡咖啡豆拥有多变而宽广的潜在风味。阿拉比卡咖啡豆绝佳的风味和香气，也使其成为所有咖啡原生种中唯一能够直接饮用的咖啡。喜欢雀巢咖啡的人，如果一旦喜欢上星巴克，就开启了另一种咖啡生活。

咖啡爱好鄙视链上也出现过，喜欢雀巢的人跟喜欢星巴克的人，完全不是一类人，时不时会发生强烈的“摩擦”。

然而，随着中国咖啡市场的不断增长，虽然现磨咖啡冲击了速溶咖啡市场，但外卖咖啡、电商预包装咖啡也异军突起，冲击着星巴克这样的现磨咖啡门店业务。

以速溶咖啡为主产品的雀巢，为了寻找更多增量，瞄准了现磨咖啡以及研磨咖啡等中高端咖啡市场。而对于星巴克而言，越来越多的新零售咖啡，特别是外卖咖啡和自助咖啡售货机市场，让星巴克看到了咖啡用户更多元的需求，如便捷咖啡、企业咖啡等。于是，本来是咖啡领域的两大竞争对手，走到了一起。

雀巢咖啡收购星巴克零售业务，首次正式进入家用场景及店外渠道。原本喜欢雀巢咖啡的人跟喜欢星巴克的人，也因为办公场景里的企业咖啡需求、家庭消费场景下的咖啡需求，走到了一起。

这回，可以握手言和了，鼓掌吧！都是一群喜欢咖啡和咖啡饮料的人，别太较真。

女性与咖啡：

一场不解之缘

这里说的咖啡，是现磨咖啡，咖啡馆里的经典产品。

咖啡馆吸引人的原因，数不胜数，有：第三空间、环境、产品品质、甜品、价格、书籍、电影、音乐、马克杯、写作业、谈恋爱、喝热牛奶、享受安静、咖啡香、猫、拍照、活动等，吸引你的是哪一个？

很多女生容易被环境和颜值高的产品所吸引，她们三五结伴去种草打卡，点一桌子各式拿铁、甜品美食。晒在微博朋友圈里九宫格的图片，成了女生不断发现好店的渠道之一。

最初开咖啡馆的人，以咖啡技术为骄傲，被吸引去咖啡馆的人，多数是为了进行咖啡交流，以及想学习咖啡的人，从每次咖啡沙龙招募的人员构成就可以发现，女生对这方面比较感兴趣。

现在开咖啡馆不需要理由，遍地都是，2020 年之前有数据报道中国有 14 万家各规模咖啡馆。比起喝一杯咖啡，到咖啡馆里拍照更符合女生去探店的需求。

咖啡馆里，拿铁咖啡是销量最好的产品，无论是从外卖数据，还是身边朋友们的反馈，都可以看出。

拿铁咖啡是大多数女生到咖啡馆里的主要消费产品。第一次去咖啡馆的女生，大多数会被朋友推荐点拿铁。拿铁咖啡属于“大众情人”，每个人都能接受，所以口味上不会出现太大差错。

咖啡师给女生推荐时，一般首选也是拿铁咖啡，这样他就能施展练习了很久的拉花技术，给女生一个惊艳的展示，他们太需要女生崇拜的眼神了。

有报道称，随着 80 后、90 后成为社会新生力量，“拯救”咖啡馆的使命，可以百分百放心地交给年轻的女性们。

这是源于每个女生心中都有开一家小小的咖啡馆，并与其欢度余生的梦想。不是吗？

咖啡馆与猫的情缘：为何它们总是相伴？

咖啡馆在中国的风格，早期都是以雕刻时光式的木地板、红色窗帘、整墙书籍的装修方式为主。后来，出现了美式星巴克、韩式漫咖啡等装修风格，然后，就是独立的精品咖啡馆、便捷式的咖啡吧，如雨后春笋一般，开出了一条条咖啡街。无论咖啡馆是什么风格，最终想为顾客提供的是不一样的体验感，这样才能吸引顾客，留住顾客。随着主题咖啡馆的出现，猫咖应运而生了。

单单只从“咖啡馆”这三个字来看，经常会给人这样一种感觉：闭上眼感受一杯咖啡香，一本书，一部老电影，1/4个下午的时光，阳光洒在你的身上，慵懒又自在。

而猫给人的感觉，乖巧，可爱，时而安静，时而灵动，喜欢晒太阳，蜷缩在角落，露出一脸慵懒的样子。如果你碰巧看到它从外面回来，精神抖擞，但只需要走到有阳光的窗台上，仅一秒钟，它就安静下来了，跟走进咖啡馆里的忙碌的人们很像。

咖啡馆在努力创造这样的氛围——当你走进一家文艺咖啡馆，你也会被周围感染，变得安静下来，犹如把城市的喧嚣留在了门外。

猫主题咖啡馆在日本流行后，被国人效仿，并作为咖啡馆的其中一个细分市场发展。

近两年有些咖啡店主，将店面打造成有特色的猫主题咖啡馆，用宠猫主题吸引客源，用环境和服务为“猫粉”们营造美好的线下体验，被接受程度越来越高，消费人群也越来越广。

这是咖啡馆与猫的共通之处，给人一种慵懒、舒适的感觉。

的确，这种场景能让很多喜欢猫，但因工作繁忙不能养猫之人，偷得半日闲，治愈生活与工作的烦恼，获得治愈式的体验。

养猫这件事，早已成了身边很多女生的标配。她们宁愿待在家里陪猫，也不愿在周末假期出门旅行。她们甚至跟猫有了同频的某种默契，只要举起手机拍照，猫就会摆出各种姿势配合。碰巧，遇到有猫的咖啡馆，她们当然不会错过。

咖啡馆探秘：

寻找最佳打卡位置

如果你从一家咖啡馆创立之初，只有一桌一椅、一杯一碟时，就一切都亲力亲为，那么你一定会跟猫叔一样，知道一家咖啡馆的最佳位置，不仅仅只有一个。

在对咖啡同行进行探店时，如果你想了解咖啡师的水平，建议你坐在吧台旁的高脚凳上，观察咖啡师拨粉的熟练程度，观察他是否掐表关注咖啡液流速，是否取用温热的杯子，并且在上咖啡之前给你端上一杯白水，给你讲解咖啡豆的故事。

这一切，只有坐在吧台旁的高脚凳上，才可以感受到。

如果你想安静地看书学习，那你可以选择坐在咖啡厅中靠近书架座位的第二排，因为有书架的地方就会经常有人走动，书架的最底层一般放儿童读物，好动的孩子们也会经常自己光顾。所以，第二排是最佳位置，离书架有一张桌子的距离，相对隔开了外界打扰，会令你更有安全感，相对放松。

当你自己一个人走进咖啡馆，想看看风景时，靠窗的位置又正对着大门的斜对角，这个位置，你可以看到外面路过的每一个人，从外面走进来的每一个人，在咖啡馆里走动的每一个人。细细观察他们，他们也是“风景”的一部分。这是能在咖啡馆里一览全貌的唯一位置。

跟好朋友一起去咖啡馆的时候，适合选择露天户外且离服务台最近的位置，我们每天都在努力地拼搏，有些话不能在办公室说，有些话不能在家里说，但可以跟好朋友倾诉。找个常去的咖啡馆，开门见山聊一个小时，喝一口凉掉的咖啡无所谓。因为这里，没有人打扰你们，想喝水自己倒，需要更替餐具自己取，不至于打扰到整个咖啡馆里的人。

咖啡的发源地是埃塞俄比亚，如果能在发源地喝一杯咖啡，那么随处都是最佳位置。当然，在中国云南的咖啡基地，或许也会给你这样的感觉。

大文豪巴尔扎克曾说，“我不在家，就在咖啡馆；不在咖啡馆，就在去咖啡馆的路上。”你可能没看过巴尔扎克的著作，但你一定听过这句出自他口中的咖啡界名言。如果能走进他常去的那家咖啡馆，坐在他曾经经常坐的位置，喝一杯咖啡，那一定是最讲究的。

周末带孩子到咖啡馆里，让孩子感受咖啡馆里的文化和美食，也是一个不错的选择。不管孩子闹不闹腾，建议都要找到咖啡馆里的高背椅座位，这种具有神奇功能的高背椅子，在很多咖啡馆里都有，它能把坐下的孩子“藏起来”，孩子就像坐在一个封闭的包厢里。当孩子看不到别的地方，也就不会闹腾了。

如果能走进大文豪巴尔扎克常去的那家咖啡馆，喝一杯咖啡，那一定是最讲究的。

外卖咖啡真相：

便捷背后的代价与经营抉择

千万不要喝外卖咖啡，这是骨灰级的咖啡控才懂的道理。

真正懂喝咖啡的人，非常注重产品的温度和口感，很少买外卖咖啡。但在如今的咖啡市场氛围里，这其实是一个“挑衅味十足又争议不止”的话题。

当咖啡师制作完一杯浓缩咖啡，他会建议你这杯咖啡的最佳饮用时间是 15 秒内。结果，20 分钟之后你才能喝到，这是什么“神操作”？咖啡师估计都会伤心了。

咖啡师亲自端上来一杯堂食拿铁咖啡，他会恨不得你立刻端起来一口喝掉，享受细细的牛奶泡沫在口腔中爆破，并与咖啡充分融合的快感。

手冲单品咖啡，最佳饮用时间是15分钟以内。制作过程中，一般水温约为85~92℃。但在冲煮的过程中，水温会持续下降，特别是在冬天的室温下，最后出品的时候，一般为65℃左右。温度越低，口感越差。

喜欢喝咖啡时加糖的人，容易用惯性思维理解“半糖、全糖”，无法在温度适宜的时刻亲自添加，最后就容易导致不得不喝下一杯甜得过分的外卖咖啡饮料。

来咖啡馆喝咖啡的人，多数不仅仅是为了消费一杯咖啡本身，他们也希望得到更好的体验。

外卖咖啡，是牺牲了到店消费的体验感、仪式感的选择。

喝外卖咖啡的人，多数没有条件自己制作，或者不擅长，只能就近“找咖啡”，这也是外卖咖啡存在的特定条件。

今天不喝外卖咖啡，无意间，你就为“环境保卫战”出手了一次，加一分！

像专家一样选咖啡：

首次进咖啡馆的必修课

第一次去咖啡馆，也许会一下子被咖啡馆的产品分类弄得不知所措，到底喝什么咖啡？

咖啡虽然是咖啡馆里最具有代表性的产品，但不是唯一的产品。

咖啡馆的咖啡类产品，都是以一杯浓缩咖啡为基础的，有了浓缩咖啡，才有美式、摩卡、拿铁、卡布奇诺、澳白等产品。

点一杯浓缩，这是“迈向专业”的第一步。当然，不要问价格，否则就露馅儿了。一杯浓缩咖啡，在一般咖啡馆里的价格区间在 18~25 元。

千万不要问“有什么好喝的咖啡推荐”，咖啡跟其他饮料不太一样，不适宜用“好喝不好喝”来评价。一杯咖啡，是以口感酸、苦、甜的程度来评价的，酸要活泼，苦是焦苦，甜是焦糖的甜。

点一杯浓缩咖啡时，要问咖啡师，这是什么咖啡豆，多长时间的豆子，这是“迈向专业”的第二步。好的咖啡，一定要用优质的咖啡豆。豆子的新鲜程度会影响口感。一般咖啡师接收到这样的问题，就会把你当成专业客户，为你一一解答。

还有第三步吗？当然有。一杯浓缩咖啡制作出来后，在不要超过 15 秒内喝掉，这时候你能观察到漂亮的咖啡油脂，感受到咖啡的最佳风味。15 秒，这么短的时间，只能在吧台等候了，那就坐在吧台旁的位置等吧。

喝浓缩咖啡的人，一般习惯先喝一口冰水，不加糖，不加奶，然后用三小口把咖啡喝完，欣赏留在杯子内壁的一圈圈咖啡油脂圈层。

当然，坐在吧台等候的你，也不用那么主动地显示自己很专业。

喝浓缩咖啡的人，一般习惯先喝一口冰水，不加糖、不加奶，然后用三小口把咖啡喝完。

咖啡馆里的咖啡师，每天要面对的顾客不计其数，即使顾客没有要求，他们也会积极推荐最适合的咖啡饮料。面对主动点一杯浓缩咖啡的顾客，他们更会由衷微笑，主动起来的。

如果你是去星巴克点咖啡，就点大杯美式，最划算。也可以喝一杯他们的“本周咖啡”抑或是隐藏菜单中的产品。如果你在咖啡馆中停留时间短的话，建议点中杯（也就是小杯）——拿铁、卡布奇诺、摩卡的价格和分量都适合。千万不要办卡，虽然会有各种优惠，但并不划算，别问我是怎么知道的。

与其显得专业，不如把自己真正做到更专业。咖啡是一个迷人的领域，你能够遇见很多有趣的爱咖啡的人，他们散落在每个城市、每条街巷、山林湖海田之间，却会相遇在咖啡馆。

中国咖啡冠军之路

电影界有奥斯卡，音乐界有格莱美，而咖啡界也有自己的世界咖啡师大赛（WBC）。该大赛由世界咖啡协会（WCE）承办，宗旨是推出高品质的咖啡，促进咖啡师职业化。2000 年，首届世界咖啡师大赛在摩纳哥的蒙特卡洛举办。

世界咖啡协会，每年固定举办 WBC（世界咖啡师大赛）、WBr C（世界咖啡冲煮大赛）、WCR（世界咖啡烘焙大赛）、WCTC（世界咖啡杯测大赛）、WLAC（世界咖啡拉花艺术大赛）等世界性的咖啡比赛。WBC 侧重于意式咖啡，而 WBr C

侧重于手冲咖啡。

每一个赛事所要比拼的内容都不同，因此并非每一个赛事的冠军都是全能的。

每年的 WBC 赛事约有 60 位来自各国的选手参加，这些选手都是从各国的数十到数百位选手中脱颖而出，夺取了所在国家赛区的冠军选手。

自 2003 年起，每年都有一位获得了中国区咖啡师冠军的选手去冲击世界咖啡师冠军。

随着咖啡行业的发展，“咖啡师”也变成一种职业，不再只是服务员了。

中国咖啡人不断摸索，不断学习，前仆后继地冲击世界冠军，它的魅力就像高中时的“省篮球赛杯”一样，令人热血沸腾，勇往直前。

国内咖啡原产地的赛事，如“云南咖啡杯”“福山国际咖啡杯”，也已经成为中国咖啡界的顶级大赛，未来会有更多咖啡师，通过自己和团队的协力，赢得冠军。

世界咖啡师冠军的魅力就像高中时的“省篮球赛杯”一样，令人热血沸腾，勇往直前。

创意咖啡大观：

全球获奖咖啡作品赏析

创意咖啡的精髓，不仅源自咖啡本身的品质与独特的创意灵感，更在于咖啡与各式食材之间精妙绝伦的搭配与融合，而非简单的混合堆砌。这种呈现方式是对味觉艺术的极致追求，旨在创造出层次分明、风味独特的咖啡体验。让我们一起来看看全世界的创意咖啡吧。

咖啡与红酒

2015 年，澳大利亚沙夏 · 塞斯迪克（Sasa Sestic）在他的创意咖啡中，选用了西拉种的葡萄（一种酿酒用的葡萄品种），在他的精心处理下，获得了不含酒精的西拉原液。于是，他采用西拉原液、意式浓缩咖啡、黑加仑，在咖啡中呈现出了迷人的奶油口感、跳跃的酸感，并混合着核果和覆盆子的风味。

咖啡与冷泡伯爵茶

2016 年，吴则霖在都柏林 WBC 赛场上的创意——冰镇手柄，给创意咖啡带来了层次感。他希望赋予黛博拉爆炸的香气、圆润饱满的果香，以及绵长的莓果调尾韵。他采用浓缩咖啡、特质柳橙汁、冷泡伯爵茶，并将茉莉花香和柑橘香气放入氮气混合，产品还呈现出花香蜂蜜的尾韵。

咖啡与日本炭焙乌龙茶

2017 年，来自英国的咖啡师戴尔 · 哈里斯（Dale Harris）制作的创意咖啡，呈现出了与食品科学家合作的成果将化学物质与咖啡风味完美呈现。他采用意式浓缩咖啡、日本炭焙乌龙茶、发酵可可、特制奶进行混搭，呈现出了另一种风味。

咖啡与百香果

2018 年，来自波兰的阿格涅斯卡·罗耶夫斯卡（Agnieszka Rojewska）斩获世界咖啡师大赛冠军。她在创意咖啡中，将热带百香果、特质奶，通过搅拌机进行混合，并全程引导顾客品尝其中风味。听闻，她的亲和力也是制胜法宝。

咖啡 +

当咖啡成为原料，创意的基础就要从豆种、生豆处理、烘焙程度、萃取等多方面来分析。并从生物学、物理、化学、食品科学、感官科学、消费者心理学等多角度来设计产品。保持认真做好一杯咖啡的态度和耐心，就是最好的创意表现。

未来的咖啡市场当中，咖啡馆的竞争压力会越来越大，从消费端出发，创意咖啡无疑将是最好的引流和创新方式。

创意咖啡是对味觉艺术的极致追求，旨在创造出层次分明、风味独特的咖啡体验。

咖啡师的隐藏身份：不仅仅是服务员

这是一个自带笑料的话题，一下子把我拉回到 2012 年，那时候我刚开始管理一家咖啡馆。每次员工分岗，都会出现不少问题，主要集中在前台服务员和咖啡师这两个岗位，一直不好区分。当然，也没有特意去区分。

前台服务员和咖啡师，分工不同，面向的服务群体不同。当然，这是在咖啡门店面积足够大，且分工明确的前提下。

独立咖啡馆，一般人手是 1~2 人，从早到晚，都只是在吧台里制作咖啡。

咖啡师的服务内容需要依据于前台服务员所服务的顾客的需求。从这个角度来看，他们也是“服务员”，服务的对象是前台服务员，并且需要以最高效、最艺术、最优质的服务来进行呈现。

而服务员，并不一定是咖啡师。但是，前台服务员可以进阶，学习咖啡制作方法，成为咖啡师。

咖啡师，除了制作咖啡之外，还需要打扫卫生、清洗杯子等；前台服务员则是服务好顾客，做好桌面、地面的日常清洁和书架的整理等。

一家分工明确的咖啡馆，前台服务员负责连接咖啡师、厨师与顾客之间的关系，并将最优质的咖啡、最好吃的美食，呈现给顾客。

一个好的咖啡师，应该具备主动与前台服务员互动、了解顾客需求、根据顾客特殊需求定制化制作产品的能力，从而为顾客提供令人满意的服务。专业的咖啡师会告诉你咖啡豆、咖啡机、磨豆机、奶沫等相关的小知识。

北京的一家咖啡馆，就很明确地在进门处、收银小票上、菜单上都标注了“店里没有服务员，只有咖啡师，不提供

一个好的咖啡师会主动了解顾客需求，根据顾客的特殊需求定制化制作咖啡，提供令人满意的服务。

牛奶和糖”。我相信在北京以外的城市，也有这样的门店存在。

随着咖啡行业的发展，咖啡师已经成了一种职业，了解咖啡文化，拥有一定咖啡制作技术，经过相关机构考核，才能取得“咖啡师”证书。

虽然咖啡是一种自由随性的饮料，但从事这份工作的人，应该对技术是严谨的。我还是坚持原来做店长时的意见，非常赞成“师傅带徒弟”的实操培训，让更多实习的服务员从洗杯子开始，进阶成为一名咖啡师。他们会喜欢这种感觉，并一辈子记忆犹新，如我们一样。

减肥与摩卡：

女孩们的咖啡选择之道

咖啡馆里的摩卡咖啡是一款由咖啡、牛奶、巧克力、绵密的鲜奶油等众多元素完美结合的产品，深得女生喜欢。

真正的摩卡咖啡，有点儿像爱情一样，既酸又甜。或许摩卡的存在，就是为了让爱恋中的人们了解爱情的甜美和波折。

摩卡是一种非常纯正的咖啡，由于摩卡咖啡的味道非常苦，一般人可能无法长期饮用。减肥这件事，也是如此，如果只是开始，但不坚持下去，肯定没有多大效果。

咖啡中有可以帮助燃烧脂肪的成分。对于很多女生来说，喝摩卡咖啡和减肥之间，似乎存在着一些有趣的联系。

摩卡咖啡，一般采用中度烘焙的咖啡豆制作，保留了咖啡当中的有效成分。咖啡中的咖啡因，具有使血液中的脂肪酸浓度上升的作用，而一旦血液中的脂肪酸浓度升高，脂肪酸就会被肌肉吸收，以一种转换身体能量的方式被消耗掉，所以喝咖啡有促进体内积蓄已久的脂肪分解的功能。但具体情况因人而异。

我在咖啡馆里认识了一位女生，她在下班之后的晚上，经常去咖啡馆里喝一杯摩卡咖啡，用来缓解一天的疲惫。她喜欢鲜奶油与巧克力的搭配，一圈一圈的黑色巧克力酱淋在白色的鲜奶油上，用咖啡勺掏开一个口，巧克力就掉进了咖啡里。她找到了自己喜欢的咖啡。喜欢，比一切理由更有力。

减肥是一项终身事业。体重会随着外在和内在的原因变化，保持愉悦的心情很重要。喝咖啡能充分调动人的味蕾和神经系统，触达快乐源泉。有时候，我们都会把咖啡当作情绪的调味剂。

喝摩卡咖啡与减肥，原本也不冲突，你也可以试试呀。

对于很多女生来说，喝摩卡咖啡和减肥这两者之间，似乎存在着一些有趣的联系。

咖啡与睡眠：

职场人的“咖啡午睡”秘籍

能睡个好觉，也是一种竞争力。

在职场中经历了一个上午的思想碰撞后，人的大脑开始分泌单磷酸腺苷——腺苷对下丘脑中食欲素神经元的影响会使人昏昏欲睡，对多巴胺系统的影响是使人对工作失去兴趣，对血清素的影响是会使人紧张。一句话，感觉身体被掏空就对了。

这时候，我们需要给身体充电，最为直接的办法就是停止工作或睡一觉。不过，午睡太长时间，会越睡越没精神，甚至会影响一整个下午，还会连累到晚上也会睡不着。

突然，有人跟你说："喝咖啡也有助于睡眠呀。"

虽然你可以把它当成一句玩笑话，但"咖啡小睡"确实是提高效率的一种方法。虽然，很多人认为咖啡能和睡眠挂上钩的，除了提神就是失眠了。有人白天喝了一杯咖啡，一晚上没睡着。他就会断定，喝咖啡会睡不着觉。

然而，咖啡小睡的原理就像我们吃下一口芝士蛋糕，它不会立马就被消化吸收一样，刚喝下的咖啡中所含有的咖啡因，也不会在你将咖啡一口喝下去的瞬间就马上起作用。这需要一个消化吸收的过程，大约需要 20 分钟，咖啡才能到达小肠，然后进入血液，最后作用于大脑。

所以，如果你将午睡的时间，调整到喝完咖啡后的 20 分钟内，醒来之后你会感觉很好。这是因为咖啡中含有的咖啡因，具有与腺苷相似的分子结构，它可以结合腺苷受体而不是腺苷。腺苷和腺苷受体不会粘在一起，因此它们不会感到疲倦或困倦。

中国人讲究午饭要吃饱，吃饱之后困意就上来了。

我刚喝完咖啡，不说了，我困了，要亲试一下"咖啡小睡"了。

咖啡，要适量喝。喝对了，才会起到作用。“咖啡小睡”的方法是否有效，因人而异。

三四线城市的咖啡探索：品质与风味的挑战

早在20世纪80年代，雀巢咖啡就开始用“1+2”类型的速溶产品在国内咖啡市场进行普及，并一直到现在仍主导着咖啡市场。但人们对于速溶咖啡的功能诉求大都只为提神，而非出自对咖啡本身的喜爱。

随着人们生活质量的进一步提高，需要口感更好的即饮与现磨咖啡，更多人会发现单位、家庭周边缺少近距离的咖啡馆，尤其是做得小而精，性价比高的。

各个一线城市里，越来越多的人被现磨咖啡吸引进咖啡馆，又或是为了缓解工作压力而选择了外卖咖啡，慢慢被养成了喝咖啡的习惯。

因为一些原因，他们开始远离一线城市，回到三四线城市，找寻新的机会。

然而，在一线城市可以轻松享受到的快捷便利，到了三四线城市则是来了一个强烈的大反差，想找到一家像样的咖啡馆实在是不容易。而这也就给三四线城市催生了“咖啡需求”。

这个“咖啡需求”，被一些大品牌和独立品牌盯上，他们开始探索咖啡小店模式。如今，三四线城市对咖啡的需求在成本和客流量上，完全能够满足小店的需求，也能够展现个性化、专业度，很快便能吸引一批专业度高的顾客。

三四线城市对于咖啡的需求，从人口基数角度来看，跟一线城市一样都在快速增长。同时，难得的专业咖啡客，也一定会给咖啡馆提出很多建设性意见，从而推动这些咖啡小店在技术、服务上的提升。

这么一说，三四线城市的咖啡，值得一喝。

如果你也有开一家咖啡店的想法，不妨去三四线城市试试。

记得换一种方式去引导顾客，别让他们只是买一杯咖啡就结束，可以试试“教给他们自己制作一杯咖啡”这样的方式，让他们参与进来，去培养你的客户。

说不定，在某一天的下午，猫叔会去你的咖啡馆，坐在马路边、大树下，喝一杯“本地味道”的咖啡。

冷萃咖啡探秘：小众喝法的魅力所在

当一个人想喝咖啡时，有无数种产品可以满足他的需求：咖啡馆里喝现磨咖啡，便利店里买快捷咖啡，外卖咖啡，挂耳咖啡，瓶装咖啡，袋装咖啡，速溶咖啡，冻干粉咖啡……

当然，更多人想喝的是咖啡饮料，而不是专业的纯咖啡，比如冷萃咖啡。

冷萃咖啡，一直流行于专业咖啡客之间。他们为了完整享受和品味咖啡最本质的内在口味和原始的香气，会选择冷萃，但并不是所有人都能接受，于是形成了一种圈里热、圈外冷的现象，很长一段时间里也被称为小众产品。

冷萃咖啡一般是由室温水制成的，水温通常在 20~22℃，由于水温较低，咖啡的制作过程更长，通常 12 个小时起步；冰咖啡则是热咖啡冷却而成，制作时间仅需要短短几分钟，前面的制作步骤和热咖啡一样，最后加入冰块冷却即可。

冷萃咖啡属于冰咖啡的一种，最初进入市场时，在夏天最为火爆。

在办公室里，想要喝一杯冷萃咖啡，需要成套的咖啡设备，磨豆，浸泡，接下来还需要长时间的等待，有点不太现实。现代办公环境里，追求快节奏，一分钟出一杯现磨咖啡，很多人都觉得慢。这种用时间换取咖啡液的事情，就更不符合现在的职场环境了。

其实，如今不少咖啡馆已经开始售卖冷萃咖啡，但因为是个慢工出细活的产品，因此可能会限量。2015 年，星巴克也开始把冷萃咖啡加入菜单。

随着咖啡市场的变化，冷萃咖啡这一品类也会发生变化，从咖啡店里的产品变成工业流水线罐装、瓶装的即饮产品。以更多元化的角度，切入中国越来越专业的咖啡顾客群体。

以冷萃咖啡切入，能够有效地提升专业顾客的认同感，同时，也是为了让更多咖啡爱好者能够随时随地地享受好咖啡带来的品质生活。冷萃咖啡，无论是其独特的制作过程，还是它醇厚的口感，都能在社交媒体上引发消费者的浓厚兴趣，形成强烈的推荐效应，有效激发年轻一代的购买欲望。

“冷萃咖啡的流行是一大景观，”蓝瓶咖啡的创始人詹姆斯·弗里曼说，“积极的反馈鼓励了更多的人选择冷萃咖啡——看着别人点冷萃咖啡，就能引起相同的欲望。”

我很赞同他这句话。

冷萃咖啡摆脱了漫长的“制作流程”，也在慢慢摆脱“小众”，走进大众视野、商超货架、电商平台等。我们唯愿来自于传统冷萃咖啡的最原始的小众口感，依然能保留下来。

冷萃咖啡独特的制作过程和醇厚的口感，在社交媒体上引发了消费者的浓厚兴趣。

便利店咖啡指南：
如何在繁忙中享受好咖啡？

2018年，全家便利店上线自主咖啡品牌——湃客咖啡，借助全家自有的会员体系导流，形成了便利店咖啡的模式。其实在此之前，7-11、罗森、喜士多、便利蜂、苏宁小店也都在纷纷试水运营。

要想成功运营一家传统的咖啡馆，不仅需要合适的选址、定位、充足的资金链、管理技能等，更需要咖啡师精湛的个人技术。瑞幸咖啡打破了这一点，变得更加流程化，更加精准、务实与超前，让所有领了优惠券的人购买了一杯全自动的“现磨咖啡”。

大家开始发现，无论是西式快餐 KFC 的 K Coffee，还是 7-11 的咖啡，或者是全时的咖啡，甚至是楼宇之间的自助咖啡，都标注的是“现磨咖啡”。到底谁才是“李鬼”？

如果你进到了便利店，你会看到以下咖啡类型：1~3 元的袋装咖啡，8 元的杯装冻干咖啡粉，6 元的瓶装咖啡，12.8 元的罐装咖啡，15.8 元的杯装咖啡，8~14 元的自助现磨咖啡。你应该怎么选？

如果为了省事，建议你选择罐装咖啡，冬季有热饮，温度在 30~35℃，既温暖，又快捷。

如果想作为午餐之后的调剂品，建议你购买一杯采用阿拉比卡豆制作的现磨咖啡。

当你已经不满足于速溶咖啡，可以试试冻干粉咖啡；当你不满足于罐装咖啡，那就试着来一杯现磨咖啡吧！

有时候为了便利，我们可能会损失一些咖啡的味道。但我们必须清楚一杯好咖啡的标准是什么。一杯好咖啡，需要稳定的设备，精选的咖啡豆，选 pH 值在 6.5 ～ 7 之间的水，专业的咖啡师，微笑服务，专业的顾客，这些因素缺一不可。很严格吧？

一杯好咖啡由很多因素共同促成，缺一不可。

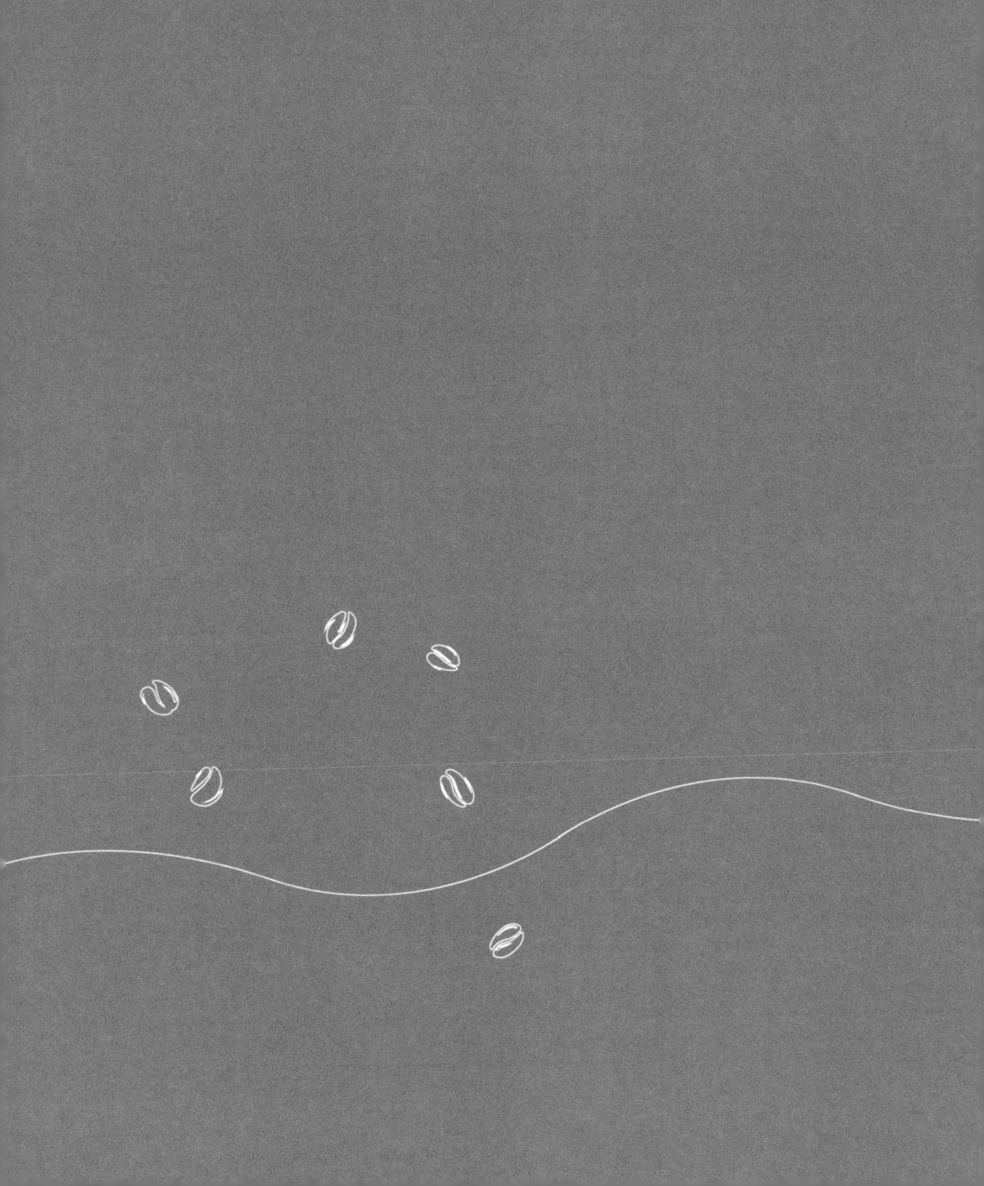

咖啡发烧友私享课

coffee

家用意式咖啡机
选购指南

选用意式咖啡机的人，一般都了解意式咖啡的发展，喜欢用时间换取一份意式的优雅。他们动手能力强，喜欢掌控全局，还是纯咖啡的拥护者。

意式咖啡的发展，也是世界咖啡文化发展中不可或缺的重要组成部分。

意式浓缩咖啡机是意式咖啡的制造者。意式咖啡机的设计起源，可追溯到 1822 年，但第一个被认可的咖啡萃取专利是由意大利都灵的安吉洛·莫里安多（Angelo Moriondo）发明的，于1884年登记注册；17年后，法国米兰一位机械工程师路易吉·贝泽拉（Luigi Bezzera）利用该设计原型加以改良，意式浓缩咖啡机的时代才正式来临。

新型意式咖啡机可以将水压提升到9个大气压，这样就能够使用更少量的咖啡粉制作出等量的咖啡。子母锅炉的热交换设计，使得水温可以达到90℃而又不产生蒸汽，这样在30秒内就可以完成咖啡的萃取，而且没有焦煳的味道。

20世纪80年代，技术的发展让意式咖啡机可以更轻松地制作高品质的意式浓缩咖啡（即意式咖啡）。意式咖啡的出现，让意大利文化更具别样的味道。

意式咖啡，是使用接近沸腾的高压水流通过研磨得极细的咖啡粉萃取而成的。所以意式咖啡，需要压力，需要热情。

如果你没那么赶时间，能够在家制作一杯意式咖啡。那么建议你选用手动或半自动咖啡机，享受一杯咖啡从选用咖啡豆、研磨成粉、压成粉饼、上机冲煮、按下开关，看着第一滴咖啡萃取出来，等待25~30秒之后的惊艳。采用手动或半自动咖啡机时的每一个步骤，都会影响咖啡的口感，同时也能锻炼自己的严谨性，不断对自己提出更高要求。

专业咖啡师经常使用半自动咖啡机为您制作一杯不错的咖啡。

如果你想轻松获取一杯咖啡，可以选用全自动咖啡机，选择自己喜欢的咖啡豆，享受从咖啡豆磨粉到热水冲煮出一杯咖啡的一键式掌控服务。

如果住所空间不大，建议选用胶囊咖啡机，我们在城市里奋斗的同时，也要对抗外界社会对我们的不认可，那么就用一颗胶囊咖啡，为自己重塑信心吧。只要保持水箱有水，一颗胶囊咖啡就能给你一杯稳定口感的意式咖啡。

选用摩卡壶制作意式咖啡的人，应该是冲着意式咖啡文化而来，也有可能只是抱持着想找个相对手冲更加轻松的方式煮一壶咖啡。因此从摩卡壶入手，开始研究咖啡粉的粗细度、水粉比例，想要做出一杯香气四溢的咖啡。

挑选第一台家用意式咖啡机，跟挑选一部手机不一样，在你没有想好之前，不要下手。

在你想好之后，先从自己内心出发，考虑自己是否有接近一杯完美咖啡的想法，考虑你每天用于制作咖啡的时间是否充足，这几点比考虑购买一台意式咖啡机需要多少预算，要来得更纯粹一些。

挑选第一台家用意式咖啡机，跟挑选一部手机不一样，在你没有想好之前，不要下手。

家用咖啡磨豆机

挑选秘诀

想要拥有一台家用磨豆机的人，多半是在咖啡馆里学习过咖啡冲煮，受到了咖啡师的经验传授。如果是这样，那么你就接受吧，他们传授的经验只有唯一一条标准——不求贵，但求最贵。咖啡师的咖啡设备购买预算是：咖啡机 + 磨豆机 + 附加设备的预算，而不是：咖啡设备预算 = 咖啡机的预算，每个咖啡师都有一个“伟大”的梦想，就是拥有一台磨豆机。

研磨咖啡粉的粗细，关系到冲泡咖啡时成分释放的多少、粉水结合的水流快慢。在萃取咖啡粉中的水溶性物质时，如果粉末很细、冲煮时间又长，会导致过度萃取，咖啡可能会非常浓苦；若是咖啡粉末很粗又冲煮太快，会导致萃取不足，咖啡就会淡而无味。实践证明，当你拥有一台好的磨豆机的时候，你的心情、你的浓缩咖啡，会让 99% 的专业咖啡师都羡慕不已。咖啡粉的粗细程度，大致可以分为：粗粉、中粉、中细粉、细粉、极细粉五个等级，磨豆机的刀头决定了这一切。

关键是你喜欢喝什么样的咖啡，这个问题可以帮助你从源头追溯——用什么方法萃取，需要粉的粗细度，需要磨豆机用什么刀头。

意式咖啡专业户，通常选择平刀磨豆机。平刀磨豆机磨出来的咖啡粉呈片样颗粒状，会比较接近扁长的长方形，水阻应该是最大的！平刀磨豆机一般定位都较为清晰，要么是以意大利品牌 MAZZER 为代表的纯意式磨豆机，要么是以德国品牌麦赫迪为代表的单品磨豆机（部分型号也可以兼容出品意式咖啡）。因为刀盘、刀纹以及调盘设计的不同，意大利厂牌的意式咖啡磨豆机大多只能磨适合意式咖啡的细粉。

单品咖啡专业户，通常选择锯齿（又被称为鬼齿）磨豆机。鬼齿磨豆机通常适用于滴滤咖啡的研磨，一般不适合磨很细的粉，但当需要在短时间内获得较高浓度咖啡时，是个不错的选择。

喜欢意式、偶尔手冲的爱好者，可以选择意式锥刀磨豆机，这也是很多顶级的咖啡馆的标配磨豆机。锥刀研磨的颗粒会接近颗粒状，导致咖啡颗粒吸水路径变长，内部需花更长时间才能接触到水，因此锥刀颗粒在初期所释放的可溶性物质会较少，导致浓度在短时间内不会太高，同时，因为形状为颗粒状，即使在较长时间萃取下，木质部吸水量较少，比较不容易产生杂味和涩味。

从口感上来说，同样豆子，同样粉量，同样水温，同样细度的粉，采用不同的刀头研磨，风味也会有所不同：平刀风味比较奔放、单一；鬼齿风味比较干净立体、饱满；锥刀风味比较圆润、复杂。

如果不是专业的咖啡爱好者，建议跳过关注刀头这个话题，回归另一种选择——手摇磨豆机，通过用手转动刀盘，轻巧方便，参与感很强。

就连著名咖啡师杜嘉宁也是使用手摇磨豆机参赛并问鼎世界冲煮大赛冠军的！

磨豆机刀头的选择，关键在于你喜欢喝什么样的咖啡，喜欢用什么方法萃取，以及需要粉的粗细度。

云南咖啡豆品鉴：

国产咖啡的崛起

中国最早的咖啡种植始于云南，是由法国传教士田德能在 1892 年引进的，并在云南省大理白族自治州宾川县的朱苦拉村种下第一株咖啡树。

云南拥有得天独厚的咖啡种植地理优势：低纬度、高海拔、昼夜温差大，特别适合小粒咖啡的生长，是全国最适宜产出高品质咖啡的区域，主要种植区有：普洱市、临沧市、保山市、德宏州、怒江州、西双版纳州、大理州、迪庆州等州市。生长在云南的咖啡豆有着极为不同的地域之味，浓而不苦、香而不烈、略带果味。

云南主要栽培的是铁皮卡（Typica）和波旁（Bourbon）这两个经典的优质咖啡品种。1991 年，又从肯尼亚引入了卡蒂姆（Catimor）系列品种（抗病毒能力更强，产量更高），属阿拉比卡种（又称小粒种）的变种。

早在 20 世纪 50 年代，云南小粒种咖啡就在国际咖啡市场上大受欢迎，被评定为咖啡中的上品，拿过“伦敦金奖”，并在 1993 年荣获“尤里卡金奖”。

早期，由于缺乏深加工和市场推广，导致云南咖啡知名度很低。提起云南咖啡，很多人可能担心品质和质量。

但随着国内咖啡市场需求上升以及咖啡馆井喷式的爆发，云南单一产地的咖啡豆，被更多精品咖啡馆引入菜单，就连巨头星巴克，也一直使用云南豆。

如果你也喜欢咖啡，可以走进身边任意一家咖啡馆，点上一杯云南手冲咖啡，感受云南小粒咖啡自带的特殊的本草味道。这是中国咖啡的味道。

现在全球知名的咖啡需求商，纷纷落地云南建造原料基地，也促进了云南咖啡豆在质和量上的节节攀升。

云南本土的咖啡品牌，也在市场中崭露头角，比如后谷、中啡、赛品、云岭、中咖、云潞、吉意欧等。

云南咖啡豆，逐渐在国际市场上有了一席之地，但距离成为世界优质咖啡豆原料供应基地和全球贸易中心，还有很长的一段路要走。

如果你在咖啡馆点上一杯云南手冲咖啡，可以感受到云南小粒咖啡自带的特殊的本草味道。

在家怎么做

一杯好咖啡?

很多人对于在家做咖啡很向往，都希望能享受美好的咖啡生活。但，这是一个不小的工程。

很多人的咖啡时间是在早晨，从起床到出门只有半小时时间，其中能留给制作咖啡的时间则不到 5 分钟。

所以，问题变成了：5 分钟制作一杯咖啡。按照我个人的习惯，5 分钟制作一杯咖啡也很容易实现，起床后烧水，洗漱完后冲一杯速溶咖啡或者冻干粉速溶咖啡，2 分钟内搞定。

相比挂耳咖啡、咖啡液等其他类型的预包装咖啡产品，速溶咖啡是国人最早接触到的商业咖啡产品，方便快捷，且价格较低，在我国消费者基数大，是目前主流的咖啡业态。

传统速溶咖啡配料主要是植脂末、白砂糖、咖啡粉，一般是将萃取后的咖啡液经过浓缩、干燥，制成粉。干燥过程中，香味已基本消失殆尽，口感较差，但价格低廉，进入市场早，是很多消费者最早接触到的咖啡产品，最常见的产品是雀巢“1+2”。

精品速溶咖啡采用冻干速溶技术，也就是冻干粉速溶咖啡，降低了加工过程中的香气损耗，配料是咖啡粉，无植脂末和白砂糖等添加剂，更加健康，符合人们对健康愈加重视的消费趋势。

如果你不想这么将就，那么你需要购买一台家用咖啡机，适合 1~2 人份的咖啡机，从实用性的角度考虑，我依次推荐飞马和飞利浦这两个牌子。

如果使用手冲设备，那么需要有手摇磨豆机、手冲壶、滤杯、滤纸、温度计、密封罐。对，千万不要忘记密封罐，这可是一个重要的工具，你可以提前把咖啡豆磨好，放在里面储存。第二天早上，就可以直接拿来冲煮了。

如果你的时间不是那么匆忙，可以任由自己安排时间冲咖啡，那你真是太幸福了。咖啡是带来幸福的产品，希望你是拥有幸福的人。

如果是单身，在当前社会对一个人有着更高外部要求的大环境下，一个人也要好好活在当下，善待自己。一杯咖啡就是对自己忙碌一天的犒赏和奖励了。

咖啡馆出品口味

复刻指南

在家里，怎么样才能做出像咖啡馆一样的好咖啡？这跟你在大饭店吃到一道美食，想回家自己动手照做是一个道理。

在家做咖啡馆式的咖啡，远比在家做大饭店式的美食要简单得多。

你可以购买一份咖啡馆里售卖的咖啡豆，并请咖啡师研磨成他制作咖啡时的粗细度。

如果你愿意交流，还可以问问他冲煮时的水温，学习一下冲煮手法。

当这一切都准备好了，你就可以回家试试了。相信自己，口感上不会差异太大，只是缺少了咖啡馆里赏心悦目的风景和人。

这样做除了能确保口感大致一致外，更重要的是，能用1~2杯咖啡的钱，购买到10杯左右量的咖啡粉。简直太划算了。

如果你对于磨粉不是很有把握，那就考虑一下咖啡馆里的滤挂式咖啡。使用滤纸滴落式冲泡咖啡，是一种方便、简单又卫生的方法，可以用最简单的方式冲煮一杯滴滤式咖啡，撕、拉、冲、取，即可。只要这四个步骤，你就能好好享受自己的挂耳咖啡了。

在自己动手制作一杯咖啡的过程中，磨豆、冲煮、摆盘，每个环节都会给我们带来不一样的体验，这个过程也是我们调节情绪的一种手段，能带来片刻宁静与平和。

咖啡冲煮时，有两步很关键——温杯和摇晃。

1. 温杯：提醒所有咖啡爱好者，热咖啡一定要趁热饮用。如果盛放咖啡的杯子是热的，也能使咖啡更持久地得到保温。

2. 摇晃：如果冲煮好的咖啡有太苦、硬涩、“煮过了头”、太淡等问题，你可以试试“醒”咖啡——摇晃咖啡，使其充分融合。然后，你再尝尝。

温杯和摇晃是咖啡冲煮时的关键。

咖啡馆、咖啡与设备推荐：为朋友挑选最佳礼物

这是一件值得高兴的事情，当有人问你这类问题的时候，说明你已经是他心中在这个行业里的专业选手了。

针对这类问题，我会根据不同的人给出不同的答案。

咖啡馆的经营以产品、服务、清洁为核心，我注重的是综合因素。当我的朋友问我的时候，我会把这些因素一一告诉他们，让他们选择。

咖啡是每家咖啡馆的灵魂所在，咖啡馆的咖啡师是制作咖啡的灵魂人物。我比较推崇的是咖啡师制作咖啡的时候要跟顾客进行交流，比如奶沫打好，浓缩咖啡萃取好后，让坐在吧台旁边的顾客亲自体验一下拉花。这个过程，比静静等一杯咖啡更美妙。如果能做到这一点，那我不仅会推荐这家咖啡馆，还会推荐这位咖啡师。

千万不要仅用“好喝”两个字来概括你推荐的咖啡馆。这两个字也许会否定这家咖啡馆的环境、服务、清洁、设计等。一家咖啡馆，重要的不仅是产品，还有咖啡师与顾客的交流。

咖啡馆需要面对不同喜好的人群，因此在设计上要巧妙和细致一些，这很考验设计师的整体把控能力。

对于咖啡和设备，前面的章节里，我已经讲了一些，你可以翻回去看看。

很多时候，我们给朋友的建议，他们并不会采纳，这也是很常见的。我们的意见仅仅是作为他们评判的一个参考，他们会做出自己的选择。

所以，当你的朋友问你的时候，你先听听他们怎么说，再谈谈你的建议。做“顾问式”的朋友，不要做“业务式”的朋友。用专业赢得掌声的时候到了！

一家咖啡馆，重要的不仅仅是产品，还有咖啡师与顾客的交流。

7 开咖啡馆指南：从梦想到现实的验证过程

我很喜欢雕刻时光式的文艺风和本土化，星巴克式的优雅，瑞幸式的无限场景，GREYBOX COFFEE的精品化，但我最想做的还是拥有人文关怀，能够精准服务企业社区的咖啡馆。

如果你跟猫叔一样准备好了，想开一家咖啡馆，那么我们就从选址开始吧。

如果是开一家个体咖啡馆，按照猫叔整理的开店流程，只需要做到多花些精力，尽量亲力亲为，并且全环节把控，就能打造一家属于自己的咖啡馆。当然，如果觉得还是没有把握，找一家专业的咖啡咨询公司，在你有疑惑的时候可以担任咨询角色，从而帮助你建好自己的咖啡馆。

国内咖啡市场越来越火热，出现超级连锁咖啡公司的时间指日可待。超级咖啡公司运作的标准化，不仅体现在建店选址上，也体现在规模定制采购的低成本和多团队协作模式上，因项目聚人，项目结束团队就解散。这是对行业的一次颠覆，值得我们学习。

相对而言，超级咖啡公司的财务战略格局更广阔，可以支撑他们找到更多的人，切入专业角度去梳理、去分解。

建一家咖啡馆的流程，可以像流水线作业一样进行分解，把平面图、效果图、灯具图、施工图分给不同的小组去完成，最后统一转给负责营建沟通的人把控，由他们负责去衔接每一个小组并验收。比如围挡有统一设计模板，执行的人只需要告诉印刷厂，印刷厂的人印刷并且安装，内部工序也按模块化分工，墙体、水电系统、电器设备、天花吊顶、抽油烟机等都由不同的团队给出标准化文件，要求按照时间来完成等，这样就形成了高速运转的开店流程了。

当然，作为运营咖啡馆的人，关注经营才是未来最大的问题。怎么才能经营一家赚钱的咖啡馆？可以跟猫叔一起探索下去。

开一家咖啡馆不难，可以分七步：从店面选址开始，做好资金预算，规划开业进度表，开荒保洁别大意，开业倒计时一周做的事情，开业当天，开业第一周汇总。

开一家咖啡馆，也可以分两步：第一步，想；第二步，开。

开一家咖啡馆不难，可以分七步走。

户外咖啡秀：

郊游时的咖啡时光

对于咖啡爱好者们而言，能不能在郊外游玩时喝上一杯咖啡，成了是否去参加的一项重要的抉择指标。比如我的咖啡好友和李奶咖，喝不到咖啡的郊游，基本上都不会参加。

想要在户外喝到一杯咖啡，需要提前做一些小小的计划。

保温壶计划，这是我常用的。出发之前，提前在家制作好一壶咖啡，让咖啡温度降到适合直饮的60~70℃之间，再倒入不锈钢的保温壶里。这样的操作适合路途较近的郊游，如果旅途较远，咖啡的温度会继续降低，影响口感。此时需要注意，如果在咖啡温度较高的时候就盖住盖子，很容易洒出来，同时口感也会发生一些微妙的变化，类似增加了蒸馏水的感觉。当然，打开保温壶时，记得先轻轻摇晃一下，再倒出，确保咖啡和水没有分离。

手冲计划，使用手冲咖啡设备，也是很不错的选择。提前将整套手冲设备（含手摇磨豆机、分享壶、电子秤、滤纸、手冲壶等）收纳在一起，别忘了带上你喜欢的咖啡豆、一块地毯、一壶开水，这样就能在户外现场感受手摇研磨、称粉、手冲的过程，仪式感十足。如果觉得麻烦，可以提前购买户外手冲设备套装，你只需将咖啡粉提前研磨好，就可以在感受大自然同时，享受在不一样的场景里制作一壶咖啡。

法压壶计划，在户外制作一壶咖啡，水温比较难控制，当然，如果不在意水温，也可以来一壶山泉水冷泡处理的咖啡，也别有一番风味。当然，我不是怂恿你这样去尝试。法压壶跟茶壶相似，被行业内人士直白地说成是水泡咖啡粉，再用滤网把渣滓压下去，咖啡液与咖啡渣就分离开了，但不是百分之百。在户外，法压壶不是最好的选择，我只用过一次。

如果你的身边有重度咖啡爱好者，你们完全可以搭小灶生火，自己炒生咖啡豆，看着咖啡豆从浅青逐渐加深至浅褐，再到深褐，用最简易的方法碾压成碎末，再用烧得发黑的开水壶，进行冲泡，看着咖啡液流到玻璃壶中，和朋友们一起分享，享受这份比在户外做一顿饭更有成就感的欢乐。这绝对是一种对设备无要求、对手法不讲究、对口感不挑剔的胜利。但从用火安全的角度考虑，猫叔不建议你们这样做。

猫叔之前的老板庄崧冽老师说过，只要有阳光，一桌一椅，一把太阳伞，一杯咖啡，随处都是郊外，随处都是咖啡馆。

也就是说，只要你想，每个人都可以抓取到自己想要的空间。

在户外喝咖啡这件事，本身就是一次有趣的命题作文，只要有趣就行。

车载咖啡制作：

旅途中的味蕾享受

这是对于重度咖啡迷们来说会感到纠结的话题。

对于他们，习惯了每天都要喝一杯咖啡，如果离开了随时随地找得到咖啡馆的地方，就会觉得异常不自在，整个行程也变得枯燥无味。

无论是坐车或是开车，移动的车内空间普遍都很狭小。此时，喝到一杯好咖啡，以此让行程变得有趣，就非常重要。

咖啡馆是现代人的坐标轴，“我在咖啡馆等你”成了大家的口头禅。

打开车后备厢，把磨豆机、手冲壶、滤杯、滤纸、开水壶、手冲架子、折叠桌椅等整套简易的咖啡设备装上车。不论你是从家出发，还是从单位出发，以车为媒介，把车当成一个咖啡馆的连接体，连接到拥有无限想象的咖啡馆里。此时享受的不仅仅是一次车程、一杯简单的咖啡，更多的是在移动中发现惊喜：在山间田野，在高速路停泊站，在古村落老树下，在繁华的步行街入口，在海边沙滩，在黄昏落日——在每一处停留的地方，打开后备厢，让你的移动咖啡馆，只为你自己营业。

如果停留时间不太充裕，提前将你喜欢的咖啡豆研磨成中度粉，封装自制几袋挂耳咖啡，准备一壶热水，带上马克杯，这应该是最好的选择。当你想喝的时候，在路边停留1分钟，用开水冲泡，即刻就能享受到满车的咖啡香。

当然，如果你是在行驶的火车车厢里，咖啡香味的流动肯定也会引来无数的人频频回头朝你的方向看来。这时候你可别激动，要更专注于开水倒入的速度和量，避免咖啡粉漫过滤网，变成一次不完美的冲煮过程，到时候一口咖啡一口渣渣，这就得不偿失了。

如果你是一路开车，容易疲惫，可以尝试冻干粉技术制作的黑咖啡。一杯水，一份冻干粉，倒入后轻轻摇晃，即可享受咖啡原本的风味，但可不要疲劳驾驶哦！

旅途中能喝到一杯好咖啡，会让行程变得更有趣！

咖啡寻豆师的职业魅力：一场咖啡的浪漫之旅

一杯咖啡，98% 的成分都是水。但一杯水，离开了咖啡豆，就只能是一杯水，不会是一杯咖啡。

一颗咖啡豆，从种植，采摘，处理，到咖啡生豆贸易中心，再到咖啡烘焙厂，然后经由咖啡贸易商，再经过咖啡师盲测，才能被咖啡门店选用，最终到达我们咖啡消费者的手里。这个过程，恰似一场有始有终的目的地旅行，浪漫至极。

咖啡寻豆师是这场浪漫之旅的创造者，当然也是满怀浪漫细胞的人，因为由他们自己创造了一场发现之旅。

咖啡喜温、耐旱、怕冻，享受阳光和雨露。咖啡最适合栽植于热带或亚热带气候的赤道两边南北纬25度之间的地带。

寻豆师深入产区，参与杯测并初步找出想要的咖啡豆品种和批次，按流程处理后续出口等后勤保障梳理工作，做好咖啡产业上下游的纽带。

一颗优质的咖啡豆，之所以能被发现，离不开咖农的辛苦付出，而每个咖农所支撑的都是一整个家庭，所以寻豆师对整个产业来说，意义重大。

寻豆师不仅仅是咖啡师、烘豆师和杯测师，还要具备能够远征各国庄园的超越常人的体力、激情与勇气！

“寻豆师想改变的也许不只是一杯咖啡，而是整个咖啡行业。他们要走的可能是咖啡师的所有通路中最艰难险阻的一段路，他们辛勤地寻找精品咖啡生豆，带来更精确的一手咖啡资讯，维护咖农权益。他们是值得我们默默为之鼓掌的

寻豆师创造了一颗咖啡豆的浪漫之旅。

行业荣光。”纪录片《咖啡人》（*The Coffee Man*）记录了这一切。

寻豆师在给顾客寻找好咖啡豆的过程中，也会采集到很多来自世界另一头的咖啡发源地故事。我曾经同某咖啡产品的研发负责人陈旻佐请教过他的工作经历：他曾经同日本的大神级寻豆师——荒井老师，一同前往咖啡产地。要知道，在日本，每 3 杯咖啡里就有 1 杯是他的团队挑选的生豆。

他们远赴巴西产区，在白云蓝天下，能够看见成排的咖啡树，以及劳作的咖农——他们同云南的咖农一样，采摘、日晒咖啡豆，通过咖啡脱贫。咖啡精品庄园主在咖啡豆田旁边盖了一排排小房子，让当地咖农的孩子学习，解决他们的教育问题，有时候也会为咖农进行种植技术培训。

我也一直憧憬着，能跟着专业的寻豆师去到咖啡原产区。咖啡的发源地是埃塞俄比亚，如果能在发源地喝一杯当地人制作的咖啡，那无疑将是最佳的体验。

一杯咖啡下肚，通过味蕾开启传奇的寻味之旅吧！你准备好了吗？

咖啡省钱秘籍：一杯钱，两杯享受

我曾经仔细观察过不少朋友，他们都有每天至少喝三杯咖啡的习惯。根据我一直从事咖啡领域工作的经验，我有四个不外传的建议：

1. 点一杯双份浓缩，记得要一杯超大杯的白开水

去咖啡馆喝咖啡时，点单份浓缩的人很常见，但却很少有人点双份浓缩。我在咖啡馆工作时，有两个人经常会点双份浓缩，他们给我留下的印象很深：一位是作家，一位是导演。每当他们一走进咖啡馆，我们都会习惯性地制作一杯双份浓缩端给他们。这位作家每次都会点一杯双份浓缩，并点名用马克杯装一杯白开水。久而久之，我发现他习惯于先打开电脑，在等待开机的过程中，喝一口咖啡，喝一口水，然后静静看着窗外，寻找灵感。开始敲打键盘时，他把剩余的浓缩咖啡分出 1/2 的量倒入另一个马克杯，这样再加水的时候，就可以得到足足两杯的自制美式咖啡。而这位导演则有所不同，他喝浓缩咖啡时，喜欢喝冰水，而且是冰块和水分杯装。这样一来，他就可以自制成一杯冰镇浓缩咖啡，将浓缩咖啡直接倒在冰块杯里，先感受两口冰咖啡的爆破，再加入水，一杯冰美式咖啡就做成了。搞艺术创作的人，总是别出新意，我也从他们身上学会了这一招。

2. 免费续杯

此举不仅仅能在酒店自助早餐中实现，其实很多咖啡馆也会有这项服务。点咖啡的时候，你可以提前问一下，具体什么产品可以免费续杯，是否有时间限制。

3. 参与咖啡品鉴

咖啡品鉴往往是一家咖啡馆全员上阵的狂欢，顾客也是其中一员。咖啡馆会准备来自不同产区、不同处理方法的咖啡豆，并通常选在周末下午开展品鉴活动，当你得到了这个消息，就选择这一天去咖啡馆吧。你可以主动询问并参与活动，又或者等待他们将冲好的咖啡一一分享，品尝过后，在评分表上留下第一感受，还有你的联系方式，备注期待下次继续参与互动。主动的人，总是会享受到多一些，这是亘古不变的道理。

4. 跟咖啡师混熟

咖啡师是一个奇特的职业，他们堪称是咖啡界的“百科全书”，并且只喜欢听建议，不喜欢听夸赞。如果你想跟他们混熟，需要找到同频的窍门：了解咖啡的起源故事，能够分辨咖啡豆的种类，懂得咖啡的处理方法，知道纯咖啡与奶咖的区别，掌握快速洗杯子的方法，喜欢整理书籍大于阅读，了解室内植物的种植方法，懂得如何给猫咪剪指甲……当你跟咖啡师混熟之后，你就能喝到各种调试磨豆机时需要去进行口感品鉴的茶咖特调、酒咖特调、冰咖特调、花咖特调……好了，有没有感觉，跟咖啡师熟悉了之后，我们就像一台“小白试饮机”。

希望你掌握这四个不外传的建议，从此走上咖啡这条有趣的路。

猫叔开着“流动的咖啡车”，在某个乡间小道上，等你来。

咖啡馆水准鉴定：一杯咖啡见真章

从一家店产品的出品水准就可以看出一家咖啡馆的水准。

这个就好比，用一粒沙子展现一个世界，用一杯咖啡呈现一家店。

冰滴咖啡，是一种需要使用特制咖啡粉，并且要用冰块融化出的水，经过 8~10 小时的萃取，并冷藏 24 小时而成，它的最佳饮用时间是出品后的 24 小时之内。如果你点了一杯冰滴咖啡，可以从这杯咖啡中，感受到咖啡最原始、最饱满的风味，既考验技术，也考验这家咖啡馆的整体性——对门店管理细节的把控、对咖啡师的培训、对顾客喝到这一口咖啡的感受的关注度。

如果这家店没有冰滴咖啡，那就点一杯你经常喝的咖啡，也无妨。

去一家新咖啡馆，我会习惯性点一杯浓缩咖啡或拿铁咖啡，当咖啡端上来的时候，我会放下手头事情，盯着送这杯咖啡的人，如果是咖啡师亲自送上，看看他是否自信，如果是由服务员送上，我会看看他是否为我的到来感到愉悦。用手触碰杯子，感受杯子的温度，制作一杯咖啡之前，需要温杯，杯子温度不均匀，说明咖啡师没有掌握这项技能，咖啡的品质也会因此而大打折扣。还要关注咖啡油脂是否干净、色泽鲜艳，奶沫是否入口细腻，这些是基础，更是核心。

碰上咖啡师推荐新品的话，我也会选择尝试一下，因为他们在推荐新品的时候，一定多少带有自信，意思是这一杯他做得很出色了，需要我们试试。虽然这也许不是常规菜单上的产品，但说不定会给我们一个大大的惊喜。

咖啡师制作的每一杯咖啡呈现在顾客面前时，都是一种考验。

如果制作过程需要我们参与其中，相信我们一定都会很乐意配合，并情不自禁地将全部精力投入制作的过程当中，享受这杯带有参与感的饮品。将顾客带入制作过程中，让顾客认真地感受每一杯咖啡的制作过程，每一款食材的用心品质，也能够展示出咖啡师对自己店铺的充分信心。这一切，顾客也会感受到的。

咖啡师是一家咖啡馆的灵魂，我非常认同这一观点。咖啡师制作的每一杯咖啡，通过自己或者伙伴，穿过由木地板、暖色灯光、圆桌或方桌沙发、书架、绿植、音乐、装饰画构成的“迷宫森林”，呈现在每一位顾客面前，都是一种考验。

考验的过程，虽然很主观，顾客觉得好就是好，觉得不够好就不够好，但一定要尽量从基础出发，从服务身边每一位伙伴开始，给他们最好的感受。

咖啡师，你准备好了吗？

咖啡盲测真相：

这也很科学

咖啡盲测是咖啡赛场上的一项竞技活动，主角可以是咖啡豆本身，也可以是每一位参与者。

在咖啡产地做盲测，说白了就是“瞎测”。主要是由寻豆师从一批批咖啡豆中寻找出最具风味的咖啡。这时候，他们会化身为一名盲测师，带着对产地生豆知识的了解、一手的烘焙技术，以及实力相当的咖啡师资质，进行实战选拔。整个盲测过程下来，也并不能确保选到最适合的咖啡豆，但这是常有的事情，并不是寻豆师实力不够，而只是运气不佳而已。有点像寻找真爱的过程，即使真情满满，也需要看时运。

在咖啡杯测室做盲测，主要是为了测定价。参与者更多的是咖啡馆的投资人、经营者，或者咖啡馆的咖啡培训师。咖啡豆是提前选好的，带有不同风味，明码标价。投资人或经营者并不会完全专注于咖啡风味本身，而是更想选出自带宣传优势的理想价位的咖啡豆。咖啡培训师，更注重于在几款被烘焙好、价格适中的咖啡豆中，选出烘焙程度不同、口味卓越的咖啡豆。

在咖啡工作室做盲测，则更专注于咖啡风味的评测。参与者一般是同频的烘焙师、咖啡师，经常是采取邀请制，猫叔也被邀请过几次，同时也有过以组织者身份参与其中的经历。工作室盲测的主要流程是：同一组样品准备四杯，每回合杯测样品总数不超过十份。每张杯测桌分配四个杯测者，同一组样品每个杯测者仅分配一杯来测干香与湿香。开始啜吸时，同一组样品的四杯都必须测到。我们进行工作室标测的目的是，为一颗来自不同产区的咖啡豆寻找到合适的烘焙程度，通过干粉香、注水后湿气香、破渣香等吸引人的元素，找到最佳的风味值，并推荐给不同的咖啡爱好者，一起参与到味蕾的探险中来。

在众多咖啡产品之间做盲测，更多的是起到一个娱乐大众的效果。几乎每天都会有不同的媒体或自媒体将不同品牌的同一款产品放在一起进行评测。评测者更多的是在向消费者推荐一种他们在看似很对等的条件下对于咖啡的理解和选择。这也是在为促进咖啡行业的发展出一份力。

在咖啡馆里盲测，则属于趣味互动，适用于咖啡小白参与。参与者不接触咖啡烘焙，不接触咖啡制作过程，只专注于咖啡本身的口感。这种评测极为考验团队的综合能力，同时对于参与者而言也是一次很好的咖啡知识普及。但仅仅只是引导参与杯测，有时候不足以吸引咖啡小白，还可以准备一些特殊环节：比如，雕刻时光咖啡馆在早期会制作一份“勇气碟”——在一片冷藏的柠檬片上，放 7 颗从磨豆机里取出的咖啡豆，再撒一些白砂糖在上面，让参与者一口放进嘴里，感受来自柠檬的酸、咖啡豆的香、微融化的白砂糖的甜。你会喜欢上这样独特的感觉。

咖啡盲测，是一个了解咖啡的有趣的过程。不同的人对于盲测有着不同的需求——技术需求、价格需求、咖啡风味的需求等，但盲测的过程给他们带来的参与感却是相同的。优质的咖啡豆可以通过盲测选出，优秀的咖啡师从盲测中练习品鉴咖啡的能力，而咖啡小白可以从盲测中找到别样的趣味。

咖啡需要盲测，这是一个连接寻豆师、咖啡师、咖啡爱好者的过程。

咖啡从业者，自己平时喝什么？

初级咖啡从业者，一般以咖啡学徒为主，他们从事前台工作，每天轮岗学习吧台的咖啡食谱知识，并不是真正意义上的咖啡师。由于他们还没有经过大量的咖啡设备练习、味觉练习，无法适应咖啡的酸、苦、醇、涩，因此还是较为习惯于喝奶咖。

资深咖啡师，每一位都经历了各种练习的过程，可以兼顾吧台的全部出品、培训、创意特调研发、咖啡知识传播等一系列工作。当他们在谈咖啡的时候，谈论的主题除了咖啡豆的烘焙和咖啡的冲煮方式之外，还有咖啡机、磨豆机、咖啡馆氛围、咖啡文化。

每天开机的第一杯咖啡，或者接班的第一杯黑咖啡，都是由资深咖啡师亲自品尝，只喝一小口，他们就能了解到磨豆机的状态，咖啡设备的水温状态，以及咖啡豆是否新鲜。这算是一条不成文的咖啡吧台行规，虽然没有明文规定，但却被很多资深咖啡师在培训新人时强调无数次，并且自我践行。

如果第一杯咖啡的口感不对，咖啡师会主动停下手上的其他工作，先把问题找到，解决掉，再重新恢复工作状态，这一切流程他们往往已经操作得很娴熟了，不会耽误太久时间。

在这个过程中，资深咖啡师可能会把 30 秒的意式浓缩萃取过程，一一分解开来，分成 5 秒、10 秒、15 秒、20 秒、25 秒、30 秒等多个节点，一一品尝，感受每个阶段咖啡的焦苦度、醇香浓郁度、酸涩度等。

对于资深咖啡师而言，每一次出品都像大考，他们会将咖啡以最好的状态呈现：严格控制粉水比例，采用适宜温度的水，将咖啡的最佳风味冲煮出来。出品之前，他会先品尝一口，确保没问题，才会将产品以形式感十足的摆盘交出去。所以，采用不同处理方法的耶加雪菲、云南小粒、曼特宁等不同的精品咖啡豆，他们都能一一品尝到。羡慕吧？

资深咖啡师还需要兼顾学徒培训，对于学徒们每一次萃取的意式浓缩和拉花拿铁，他们都需要亲自品尝，并给予意见，这样才有助于让学徒们成为像自己一样的资深咖啡师。

一般咖啡馆大多数只有两个咖啡师，他们分工明确，工作一天等于战斗一天，工作饱和度绝对满分。他们在洗掉最后一个杯子，关掉音乐，关掉咖啡设备之前，会给自己做一杯黑咖啡，安静地在咖啡馆里坐一会儿，满意地喝下这一杯简单、干净的纯咖啡，结束一天的营业。

你应该遇见过很多资深咖啡师，每次去他们的店里，都会喝到他们的创意作品。请相信，这也是他们在经过了无数次尝试之后，才会放到隐形菜单中的产品。

细细数下来，咖啡从业者一天喝掉的咖啡已经数不清了……